职业教育物联网应用技术专业系列教材

Java物联网程序设计基础

主　编　周　雯　薛文龙

副主编　于继武　倪晨玮　王艳霞

　　　　洪　波　房　华

参　编　戴在林　张方毅　高　鹏

　　　　林道华　邹梓秀　舒　松

机械工业出版社

本书由院校与企业联合编写，理论结合实际。书中项目内容均来自企业真实案例，且由企业一线技术人员编写，理论知识点由教学经验丰富的院校骨干教师编写，力图在知识结构上更好地实现与企业真实需求的对接，从而有效提高就业竞争力。

本书共6章，内容包括欢迎进入Java世界—搭建开发环境、四输入模块数据采集—Java语法基础、四输入模块数据采集—流程控制结构、四输入模块数据采集—数组与集合、数据采集—Java面向对象、湿度温度实时更新系统程序开发。

本书紧跟社会发展需要，体现新技术、新设备、新工艺，以就业为导向，遵循技能人才成长和职业发展规律，充分体现职业特征，满足职业生涯发展需要，可操作性强，适合作为各类职业院校及应用型本科院校特联网应用技术及相关专业的教材，也可作为广大物联网爱好者的自学参考用书。

本书配有电子课件和源文件，选用本书作为教材的教师可以从机械工业出版社教育网（www.cmpedu.com）免费注册下载或联系编辑（010-88379194）咨询。

图书在版编目（CIP）数据

Java物联网程序设计基础/周雯，薛文龙主编. —北京：机械工业出版社，2016.7
（2020.9重印）

职业教育物联网应用技术专业系列教材

ISBN 978-7-111-53789-2

Ⅰ. ①J… Ⅱ. ①周… ②薛… Ⅲ. ①JAVA语言—程序设计—高等职业教育—教材 ②互联网络—应用—高等职业教育—教材 ③智能技术—应用—高等职业教育—教材 Ⅳ. ①TP312 ②TP393.4 ③TP18

中国版本图书馆CIP数据核字（2016）第104876号

机械工业出版社（北京市百万庄大街22号 邮政编码100037）
策划编辑：梁 伟 责任编辑：梁 伟 叶蔷薇
版式设计：鞠 杨 责任校对：马立婷
封面设计：鞠 杨 责任印制：常天培
固安县铭成印刷有限公司印刷
2020年9月第1版第7次印刷
184mm×260mm · 15.75印张 · 363千字
标准书号：ISBN 978-7-111-53789-2
定价：39.80元

电话服务 网络服务
客服电话：010-88361066 机 工 官 网：www.cmpbook.com
      010-88379833 机 工 官 博：weibo.com/cmp1952
      010-68326294 金 书 网：www.golden-book.com
封底无防伪标均为盗版 机工教育服务网：www.cmpedu.com

参与编写学校：

福州大学	山东大学
北京邮电大学	福建师范大学
江南大学	太原科技大学
天津中德应用技术大学	浙江科技学院
闽江学院	安阳工学院
福建信息职业技术学院	无锡职业技术学院
重庆电子工程职业学院	武汉软件工程职业学院
山东交通职业学院	辽宁轻工职业学院
河源职业技术学院	广东理工职业技术学院
广东省轻工职业技术学校	佛山职业技术学院
广西电子高级技工学校	合肥职业技术学院
安徽电子信息职业技术学院	威海海洋职业学院
上海电子信息职业技术学院	上海商学院高等技术学院
上海市贸易学校	河南经贸职业学院
顺德职业技术学院	河南信息工程学校
青岛电子学校	山东省淄博市工业学校
山东省潍坊商业学校	济南信息工程学校
福州机电工程职业技术学校	嘉兴技师学院
北京市信息管理学校	江苏信息职业技术学院
温州市职业中等专业学校	开封大学
浙江交通职业技术学院	常州工程职业技术学院
安徽国际商务职业学院	上海中侨职业技术学院
长江职业学院	北京电子科技职业学院
广东职业技术学院	北京市丰台区职业教育中心学校
福建船政交通职业学院	湖南现代物流职业技术学院
北京劳动保障职业学院	闽江师范高等专科学校
河南省驻马店财经学校	

物联网应用技术是新兴专业，在教材建设方面存在严重滞后等问题。开设物联网专业的院校逐年增加，从事该行业的技术人员数量递增，读者需求量很大。目前与物联网应用技术专业对口的系列教材不多，而且缺少企业的参与，工学结合特色不明显。多数教材的编写主要由在校教师完成，具有局限性，往往偏重理论，与企业实际项目结合较少。

本书由院校与企业联合编写，理论结合实际，项目均选自企业真实案例，实用性强，体现了"案例引入➡知识铺垫➡案例拓展"，知识点与技能层层递进的编写特点，从而实现了"企业岗位技能需求"与"学校课程教学设计"的有效对接与融合。并且企业人员也可以按需参与课程的教学，最终实现课程在持续应用过程中的持续性动态发展。

本书从Java语言的基本特点入手，介绍Java语言的基本概念和编程方法，然后深入介绍Java语言的高级特性。书中内容涉及Java语言中的基本语法、数据类型、类、异常及线程等，基本覆盖了Java语言的大部分实用技术，是进一步使用Java语言进行技术开发的基础。

全书共6章，建议分为72学时（40学时课堂教学+32学时实验教学）。

第1章　欢迎进入Java世界——搭建开发环境。本章从Java入门，以Android开发环境的搭建入手，重点介绍了新大陆物联网实训平台，以及如何利用平台进行开发（建议学时：2学时课堂教学+4学时实验教学）。

第2章　四输入模块数据采集——Java语法基础。本章介绍Java数据类型的分类、取值范围以及变量的生命周期等内容（建议学时：6学时课堂教学+4学时实验教学）。

第3章　四输入模块数据采集——流程控制结构。本章介绍了Java语言中各种流程控制语句的用法（建议学时：8学时课堂教学+6学时实验教学）。

第4章　四输入模块数据采集——数组与集合。本章主要介绍一维数组、二维数组与ArrayList、List等集合，辅助以实验系统的设计案例，让读者掌握数组和常用集合的使用方法（建议学时：8学时课堂教学+8学时实验教学）。

第5章　数据采集——Java面向对象。本章针对Java程序设计语言进行深入讲解，以新大陆物联网实训设备为平台，讲解面向对象的知识要点（建议学时：8学课堂教学+6学时实验教学）。

第6章　温度湿度实时更新系统程序开发。本章对线程的运行机制、同步做了详细的探讨（建议学时：8学时课堂教学+4学时实验教学）。

本书由周雯、薛文龙担任主编，于继武、倪晨玮、王艳霞、洪波和房华担任副主编，戴在林、张方毅、高鹏、林道华、邹梓秀和舒松参加编写。全书案例源代码均由北京新大陆时代教育科技有限公司提供。

由于编者水平有限，书中疏漏之处在所难免，敬请各位读者不吝赐教，以求共同进步，感激不尽。

编　者

▸ CONTENTS

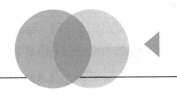

Chapter 1

第 1 章

欢迎进入Java世界——搭建开发环境

1.1 Java入门

1. Java语言的发展

先来看一看2015年8月TIOBE编程语言社区排行榜，如图1-1所示。在编程语言排行榜中，Java目前领先其他语言几乎4.5%。

Aug 2015	Aug 2014	Change	Programming Language	Ratings	Change
1	2	∧	Java	19.274%	+4.29%
2	1	∨	C	14.732%	-1.67%
3	4	∧	C++	7.735%	+3.04%
4	6	∧	C#	4.837%	+1.43%
5	7	∧	Python	4.066%	+0.95%
6	3	∨	Objective-C	3.195%	-6.36%
7	8	∧	PHP	2.729%	-0.14%
8	12	∧	Visual Basic .NET	2.708%	+1.40%
9	10	∧	JavaScript	2.162%	-0.01%
10	9	∨	Perl	2.118%	-0.10%
11	11		Visual Basic	1.781%	-0.23%
12	24	∧	Assembly language	1.760%	+1.11%
13	13		Ruby	1.416%	+0.17%
14	18	∧	Delphi/Object Pascal	1.407%	+0.49%
15	21	∧	MATLAB	1.232%	+0.50%
16	14	∨	F#	1.232%	+0.14%
17	23	∧	Swift	1.179%	+0.51%
18	15	∨	Pascal	1.138%	+0.09%
19	20	∧	PL/SQL	1.137%	+0.35%
20	30	∧	R	1.010%	+0.49%

图1-1　编程语言排行榜

回首过去，Java在2008年也曾如此辉煌过。2010年，Oracle公司收购了Sun公司，Java的排名一度出现了下滑，这是因为Java创始人之一James Gosling离开了公司，导致很多人认为Java的前途变得不那么明朗。

事实上，Java就像C#一样，拥有自己的文化内涵以及特性。虽然很多人都曾预言Java将一蹶不振，但是现今在不少的重要项目中，Java仍扮演着极其重要的角色。所以，Java并没有像想象中的那样衰落。

Java其实最早诞生于1991年，起初被称为OAK语言，是Sun公司为一些消费性电子产品而设计的一个通用环境。他们最初的目的只是为了开发一种独立于平台的软件技术，而且在网络出现之前，OAK可以说是默默无闻，甚至差点夭折。但是，网络的出现改变了OAK的命运。

在Java出现以前，Internet上的信息内容都是一些乏味死板的HTML文档。这对于那些迷恋于Web浏览的人们来说简直不可容忍。他们迫切希望能在Web中看到一些交互式的内容，开发人员也极希望能够在Web上创建一类无须考虑软硬件平台就可以执行的应用程序，当然这些程序还要有极大的安全保障。对于用户的这种要求，传统的编程语言显得无能为力，而Sun公司的工程师敏锐地察觉了这一点，从1994年起，他们开始将OAK技术应用于Web上，并且开发出了Hot Java的第一个版本。

Sun公司1995年正式将这种语言以Java这个名字推出，并重新设计用于开发Internet应用程序。用Java实现的Hot Java浏览器（支持Java Applet）显示了Java的魅力：跨平台、动态Web、Internet计算。从此，Java被广泛接受并推动了Web的迅速发展，常用的浏览器均支持Java Applet。同时，Java技术也在不断更新。Java自面世后就非常流行，发展迅速，对C++语言形成有力的冲击。在全球云计算和移动互联网的产业环境下，Java更具备了显著优势和广阔前景。

2009年04月20日，甲骨文公司以74亿美元收购Sun公司，取得Java的版权。

2010年11月，由于甲骨文公司对于Java社区的不友善，因此Apache扬言将退出JCP。

2011年7月28日，甲骨文公司发布Java7.0的正式版。

2014年3月19日，甲骨文公司发布Java8.0的正式版。

注意，TIOBE编程语言社区排行榜是编程语言流行趋势的一个指标，每月更新，这份排行榜排名基于互联网上有经验的程序员、课程和第三方厂商的数量。排名使用著名的搜索引擎（如Google、MSN、Yahoo、Wikipedia、YouTube以及Baidu等）进行计算。

2. Java语言的特点

（1）简单易学　Java编程语言的风格十分接近C语言与C++语言。与C++相比，Java是纯粹的面向对象的语言，继承了C++语言面向对象技术的核心。C++为了向下兼容C，保留了很多C里面的特性，而C，众所周知是面向过程的语言，这就使C++成为了一个"混血儿"。

Java丢弃了C++中很少使用的、很难理解的、令人迷惑的那些特性，如操作符重载、多继承、自动的强制类型转换。特别是，Java语言不使用指针，而是引用，并提供了自动的废料收集，使得程序员不必为内存管理而担忧。

（2）可移植（平台无关性）　与其他编程语言不同，Java并不生成可执行文件（.exe文件），而是生成一种中间字节码文件（.class文件）。任何操作系统，只要装有Java虚拟机（JVM），就可以解释并执行这个中间字节码文件。这正是Java实现可移植的机制。

（3）面向对象　Java语言是强制面向对象的。Java语言提供类、接口和继承等原语，为了简单起见，只支持类之间的单继承，但支持接口之间的多继承，并支持类与接口之间的实现机制（关键字为implements）。Java语言全面支持动态绑定，而C++语言只对虚函数使用动态绑定。总之，Java语言是一个纯面向对象的程序设计语言。

（4）分布式　Java包括一个支持HTTP和FTP等基于TCP/IP的子库。因此，Java应用程序可凭借URL打开并访问网络上的对象，其访问方式与访问本地文件系统几乎完全相同。为分布式环境尤其是Internet提供动态内容无疑是一项非常宏伟的任务，但Java的语法特性却使开发者能很容易地实现这项目标。

（5）健壮　Java的强类型机制、异常处理、垃圾的自动收集等是Java程序健壮性的重要保证。对Java的安全检查机制使得Java更具健壮性。

Java致力于检查程序在编译和运行时的错误。类型检查帮助能检查出许多开发早期出现的错误。指针的丢弃是Java的明智选择，Java自己操纵内存减少了内存出错的可能性。

（6）安全　准备从网络上下载一个程序时，最大的担心是程序中含有恶意的代码，如试图读取或删除本地计算机上的一些重要文件，甚至该程序是一个病毒程序等。当使用支持Java的浏览器时，则可以放心地运行Java的小应用程序Java Applet，不必担心病毒的感染和恶意的企图，Java小应用程序将限制在Java运行环境中，不允许它访问计算机的其他部分。

（7）强大的多线程能力　在Java语言中，线程是一种特殊的对象，它必须由Thread类或其子（孙）类来创建。通常有两种方法来创建线程：其一，使用型构为Thread（Runnable）的构造子将一个实现了Runnable接口的对象包装成一个线程；其二，从Thread类派生出子类并重写run方法，使用该子类创建的对象即为线程。值得注意的是Thread类已经实现了Runnable接口，因此，任何一个线程均有它的run方法，而run方法中包含了线程所要运行的代码。线程的活动由一组方法来控制。Java语言支持多个线程同时执行，并提供多线程之间的同步机制（关键字为synchronized）。

3. Java与其他程序设计语言的比较

Java和C语言、C++语言有许多差别，主要有如下几个方面：

1）Java中对内存的分配是动态的，它采用面向对象的机制，采用new运算符为每个对象分配内存空间，而且，实际内存还会随程序运行情况而改变。

2）Java不在所有类之外定义全局变量，而是在某个类中定义一种公用静态的变量来完成全局变量的功能。

3）Java不用goto语句，而是用try-catch-finally异常处理语句来代替goto语句处理出错的功能。

4）Java不支持头文件，而C语言和C++语言中都用头文件来声明类的原型、全局变量、库函数等，这种采用头文件的结构使得系统的运行和维护相当繁杂。

5）Java不支持宏定义。Java只能使用关键字final来定义常量。

6）Java对每种数据类型都分配固定长度。

7）类型转换不同。C语言和C++语言中可通过指针进行任意的类型转换，常常带来不安全性，而在Java中，运行时系统对对象的处理要进行类型相容性检查，以防止不安全的转换。

8）结构和联合的处理。Java中根本就不允许类似C语言的结构体（Struct）和联合体（Union）包含结构和联合，所有的内容都封装在类里面。

9）Java不再使用指针。

10）避免平台依赖。Java语言编写的类库可以在其他平台的Java应用程序中使用，而不像C++语言必须运行于单一平台。

11）在B/S开发方面，Java要远远优于C++。

C#语言也是目前流行的面向对象语言，和Java相比较基本一致的地方主要有如下几个方面：

1）虚拟机和语言运行时。Java一般编译成Java字节码并运行于托管的执行环境（Java虚拟机），同样，C#代码编译成中间语言（IL）运行于公共语言运行库（CLR）。两个平台都通过JIT编译器提供本机编译。

注意，虽然Java平台支持字节码的解释和JIT编译两种方式，但是NET平台只支持C#代码的本机执行，IL代码在运行前总是会编译成本机代码。

2）数组可以是交错的。对于C或C++这样的语言，多维数组的每一个子数组都必须有相同的维度。在Java和C#中，数组不必统一，交错数组可以认为是数组的一维数组。交错数组的项就是保持类型或引用的另一个数组，这样交错数组的行和列就不需要有统一的长度。

3）没有全局方法。这一点和Java一样，和C++不一样。C#中的方法必须是类的一部分，作为成员方法或静态方法。

4）有接口但没有多重继承。C#和Java一样支持接口的概念，接口类似于纯抽象类。C#和Java一样都支持类的单继承，但支持接口的多重继承（或实现）。

5）字符串不可变。C#的System.String类和java.lang.String类相似。它们都是不可变的，也就是字符串的值在创建后一次都不能修改。字符串提供的一些实例方法看似可以修改字符串的内容，其实是创建了一个新的字符串并返回，原始的字符串并没有修改。

6）抛出和捕获异常。C#和Java的异常有很多相似的地方。两种语言都使用try块来表示需要守护的区域，catch块来处理抛出的异常，finally块在离开方法之前释放资源。两种语言都有继承体系，所有的异常都从一个Exception类继承，并且都可以在捕获异常并进行了一些错误处理之后重新抛出异常。最后，它们都提供了机制把异常包装成另外一个异常，这样就可以捕获一个异常后抛出另一个异常。

7）装箱。在某些情况下，值类型需要当作对象，.NET和Java运行时会自动把值类型转换成在堆上分配的引用类型，这个过程叫作装箱。自动把对象转换成相应的值类型的过程叫作拆箱，如把java.lang.Integer的实例转换成int。

4. Java程序的工作机制

Java之所以灵活、高效、安全，是因为有自己独立的运行机制。最核心的两种机制是虚拟机（Virtual Machine）和垃圾收集机制（Garbage Collection）。

（1）虚拟机　Java虚拟机（JVM）是一种用于计算机设备的规范，可用不同的方式（软件或硬件）加以实现。好比一个简单的操作系统，有着自己独立的CPU、硬件、堆栈、寄存器等, 还具有相应的指令系统。

JVM大体结构由四大部分组成，如图1-2所示。

1）类加载器，在JVM启动的时候或者在类运行时将需要的类加载到JVM中。

2）执行引擎，负责执行Class文件中包含的字节码指令，相当于实际机器上的CPU。

3）内存区域，将内存划分成若干个区，以模拟实际机器上的存储、记录和调度功能模块。

4）本地方法调用，调用C或者C++实现的本地方法返回结果。

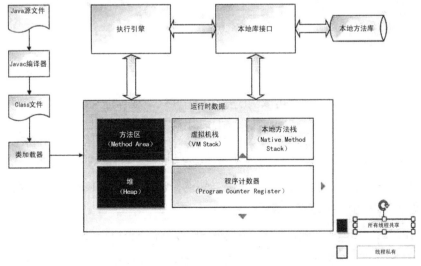

图1-2　JVM结构

JVM有自己的编译器和解释器，通过一次编译，再根据不同的系统解释（一边解释，一边执行）为不同的目标文件（字节码），使得在不同的系统平台上直接执行，实现一次编译，到处运行。所以不同的操作系统对应着不同的虚拟机。

编译器（Javac）将程序编译成字节代码的Class文件，然后在装有JDK（Java Development Kit，Java环境运行）通过解释器（Java）编译执行。

（2）垃圾收集机制（Garbage Collection）　其一，消除了程序员在编程过程中手动回收内存的责任。其二，实现了完全自动回收内存。其三，根据程序执行时内存空间的分配不同，Java的内存管理实际上就是对象的管理，其中包括对象的分配和释放。

分配对象使用new关键字；释放对象时，只要将对象所有引用赋值为null即可。对于垃圾收集机制来说，当程序员创建对象时，垃圾收集机制就开始监控这个对象的地址、大小以及使用情况。通常，垃圾收集机制采用有向图的方式记录和管理堆（Heap）中的所有对象，通过这种方式确定哪些对象是"可达"的，哪些对象是"不可达"的，当垃圾收集机制确定一些对象为"不可达"时，垃圾收集机制就有责任回收这些内存空间。

垃圾收集机制在JVM中通常是由一个或一组进程来实现的。它本身也和用户程序一样占用Heap空间，运行时也占用CPU，当进程运行时，应用程序停止运行。

因此，当垃圾收集机制的运行时间较长时，用户能够感到Java程序的停顿。此外，如果垃圾收集机制运行时间太短，则可能对象回收率太低，这意味着还有很多应该回收的对象没有被回收，这即要求在设计垃圾收集机制时要均衡效率。

1.2　搭建Android开发环境

1. 安装JDK和配置Java开发环境

Java运行环境JDK，读者可以从甲骨文官方网站下载，也可以从本书实训平台厂家所提供的下载网站中下载。JDK开发平台的安装步骤如下。

1）找到"jdk-8u20-windows-x64.exe"文件，双击打开进入安装起始界面，如图1-3所示。

2）在图1-3界面中，单击"下一步"按钮选择需要安装的JDK和JRE，后续继续选择默认值，单击"下一步"按钮直至最后安装成功。

3）在桌面"计算机"图标上单击鼠标右键，在弹出的快捷菜单中，选择"属性"→"高级系统设置"命令，弹出"系统属性"对话框，如图1-4所示。

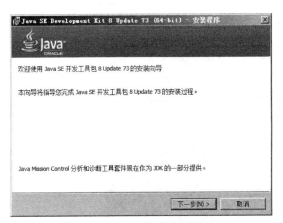

图1-3　JDK安装起始界面

图1-4　"系统属性"对话框

4）单击"环境变量"按钮，编辑环境变量JAVA_HOME、Path、CLASSPATH，如图1-5所示。

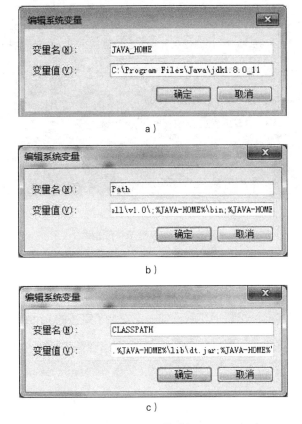

图1-5　环境变量

a）环境变量JAVA_HOME　b）环境变量PATH　c）环境变量CLASSPATH

5）配置完成后，在命令提示符下输入java、javac命令，出现如图1-6所示的内容，说明环境变量配置成功。

a）

b）

图1-6 命令提示符成功

a）输入java命令 b）输入javac命令

2. Eclipse的安装

由于在Eclipse中是用Java语言编写应用程序的，因此，启动Eclipse时要求已经安装Java运行环境JRE。事实上，安装了JDK，就一定安装了完整的Java JRE。

如果计算机没有安装JDK，则运行Eclipse时，会出现警告信息，如图1-7所示。

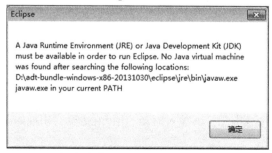

图1-7 没有安装JDK时运行Eclipse的警告信息

安装时要注意以下几点。

1）如果要下载JDK，则可以访问Oracle公司网站http://www.oracle.com。

2）计算机安装的Windows操作系统分为32位和64位两个版本，需要下载对应版本的JDK。

3）搭建Android开发环境也分32位和64位两种。在32位操作系统的计算机上只能使用32位的JDK版本和Android开发环境。

早期搭建Android开发环境的方法：在安装了JDK后，安装Eclipse（可访问http://www.eclipse.org/downloads下载），然后安装Eclipse插件ADT（Android Development Tools），最后添加Android SDK。

ADT-Bundle for Windows 是由Google Android官方提供的集成式IDE，已经包含了Eclipse，用户无须再下载Eclipse，并且里面已集成了插件，解决了大部分新手通过Eclipse来配置Android开发环境的复杂问题。

有了ADT-Bundle，新涉足安卓开发的人员也无须再像以前那样在网上参考烦琐的配置教程，可以轻松一步到位进行Android应用开发。

第一步：Java SDK（JDK）的安装。

用户可以自己搜索下载JDK。

官方下载地址：http://www.oracle.com/technetwork/java/javase/downloads/index.html

环境变量的配置方法见本节开始部分。

第二步：下载ADT-Bundle for Windows。

官方下载地址：http://developer.android.com/sdk/index.html

本书下载的64位版本的集成环境压缩包为adt-bundle-windows-x86_64-20140321.zip。

第三步：安装ADT-Bundle。

直接把下载的adt-bundle-windows-×××-×××.zip文件，解压缩到需要安装的位置。目录结构如图1-8所示。

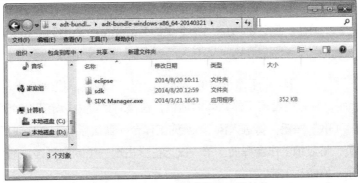

图1-8　Android集成包的目录结构

第四步：安装Android SDK。

打开解压缩出来的文件夹里面的 SDK Manager.exe（也可以运行eclipse/eclipse.exe，然后通过选择"Windows"→"Android SDK Manager"命令打开），如图1-9所示。

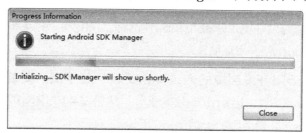

图1-9　运行SDK Manager

如图1-10所示，选择想要开发的目标手机安卓版本，最好是全部选上，然后单击"Install Package"按钮，按提示进行安装。

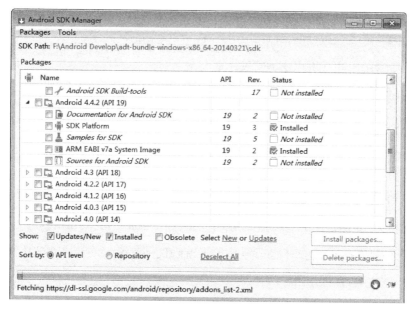

图1-10　安装Android版本

注意，Android ×.×.×列表中，必须要安装Tools（开发调试工具）、SDK Platform（SDK）、ARM EABI（ARM指令集的系统镜像）等内容，否则后续无法进行。例如，没有"系统镜像"，则无法创建AVD。

安装完成后，打开集成环境压缩包中的"eclipse"文件夹，找到" ⬤eclipse.exe "并双击运行。启动Eclipse，将弹出设置工作空间对话框，在该对话框中指定工作空间的位置，如图1-11所示，单击"OK"按钮，将进入Eclipse的工作台，默认显示一个欢迎页，如图1-12所示，关闭该欢迎页，将显示工作台界面。第一次运行会出现一个询问是否反馈数据给谷歌，帮助改进产品的提示，如图1-13所示。

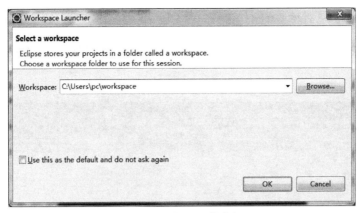

图1-11　设置工作空间

图1-12　Eclipse欢迎界面

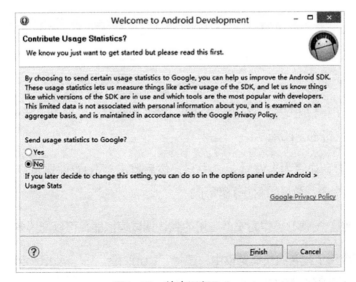

图1-13　首次运行Eclipse

这里选择"No"，然后单击"Finish"按钮。

单击左上角Android IDE右侧的关闭按钮，关闭页面即可看到开发界面，如图1-14所示。

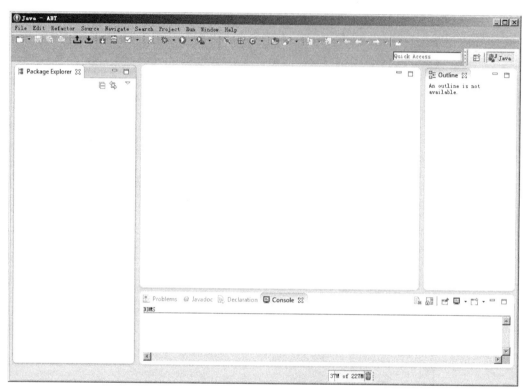

图1-14　Eclipse开发界面

3. Android虚拟设备的创建

Android虚拟设备（Android Virtual Device，AVD）是Android SDK提供的最重要的工具之一。它使得开发人员在没有物理设备的情况下，在计算机上对Android程序进行开发、调试和仿真。

单击Eclipse工具栏上的，在出现的AVD管理器窗口里，单击"New"按钮，弹出创建AVD的对话框，如图1-15所示。

创建一个AVD，命名为AVD1，选中它，然后单击AVD管理器窗口里的"Start"按钮，即可启动该模拟器，效果如图1-16所示。

注意，配置的这个AVD是作为安卓应用的默认调试模拟器，可以配置多个。

在Android应用工程名的快捷菜单中，选择"Run As"→"Android Application"命令，即可将工程部署到AVD并运行。

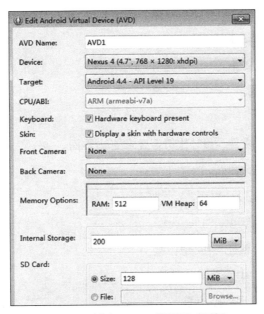

图1-15 创建Android模拟器对话框

图1-16 启动一个模拟器

1.3　　　案例展现

创建一个Android程序，实现单击界面上的"开"按钮，左侧文字显示为"风扇开"；单击"关"按钮，左侧文字显示为"风扇关"。

1. 案例分析

1）创建一个空白安卓程序。

2）编写String.xml文件。

①XML基本编写格式。

②XML文件内容。

3）编写UI布局XML文件，设计出符合要求的UI界面。

①使用设计器拖动设计界面。

②通过编辑XML代码设计界面。

③使用基本控件TextView，Button。

④设置控件ID，并了解控件ID的作用。

⑤对String.xml文件中的数据进行引用。

4）编写后台代码，实现程序功能。

①认识Activity。

②认识R.java文件及其作用。

③对象、变量声明，进行初始化。

④给Button绑定监听器，实现Button单击监控。

通过TextView对象的引用修改TextView控件显示文本内容。

2. 操作步骤

1）创建一个Android程序。打开Eclipse，选择"File"→"New"→"Android Application Project"命令，如图1-17所示，为项目起一个名字，然后一直单击"Next"按钮直至出现"Finish"按钮即可，如图1-18所示。

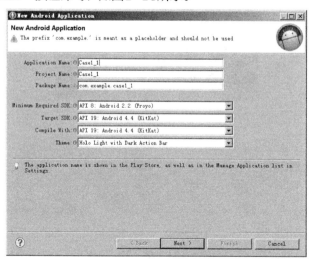

图1-17 创建Android程序

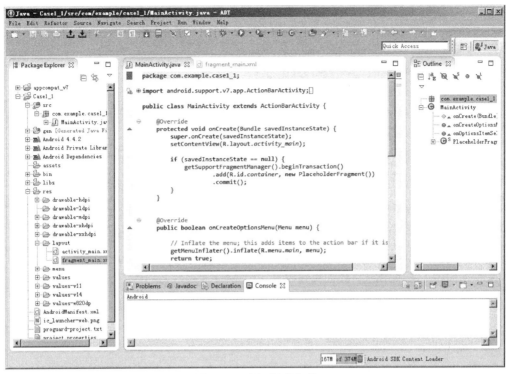

图1-18　项目创建完成

2）单击activity_main.xml，出现如图1-19所示的UI设计界面，从左侧拖两个Button放到界面上，调整位置，单击界面上的"Hello world!"，按<Delete>键删除。从左侧拖一个TextView到界面上，调整位置。调整至如图1-20所示。

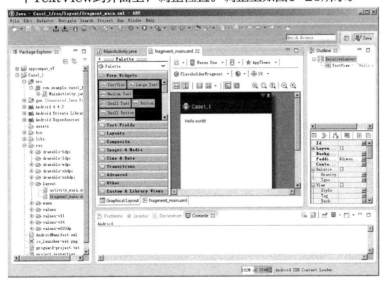

图1-19　UI设计界面

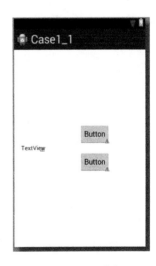

图1-20　界面编辑

3）打开res/values/strings.xml，添加代码如下。

```
<?xml version="1.0" encoding="utf-8"?>
```

```
<resources>
    <string name="app_name">Case1_1</string>
    <string name="hello_world">Hello world!</string>
    <string name="action_settings">Settings</string>
    <string name="strOpen">开</string>
    <string name="strClose">关</string>
    <string name="strFanOpen">风扇开</string>
    <string name="strFanClose">风扇关</string>
</resources>
```

4）打开activity_main.xml，单击左下角的activity_main.xml选项卡编辑UI界面代码，设置控件唯一标识符ID和控件显示文本，"@+id/"表示添加一个新的ID，"@string/"表示引用res/values/strings.xml文件中的文本，单击左下角的"Graphical Layout"可以进行界面预览，添加代码如下。

```
<LinearLayout xmlns:android="http://schemas.android.com/apk/res/android"
    android:layout_width="fill_parent"
    android:layout_height="fill_parent"
    android:gravity="center"
    android:orientation="vertical" >
    <TextView
        android:id="@+id/tvFan"
        android:layout_width="wrap_content"
        android:layout_height="wrap_content"
        android:text="@string/strFanClose" />
    <Button
        android:id="@+id/btnOpenFan"
        android:layout_width="60dip"
        android:layout_height="wrap_content"
        android:text="@string/strOpen" />
    <Button
        android:id="@+id/btnCloseFan"
        android:layout_width="60dip"
        android:layout_height="wrap_content"
        android:text="@string/strClose" />
</LinearLayout>
```

5）打开MainActivity.java，编辑后台代码如下。

```
/**
 * 【例1.1】
```

```java
*/
public class MainActivity extends Activity {

    //声明两个Button,一个开按钮,一个关按钮
    private Button mBtnOpenFan,mBtnCloseFan;
    private TextView mTvFan;
    @Override
    protected void onCreate（Bundle savedInstanceState）{
        super.onCreate（savedInstanceState）;
        setContentView（R.layout.activity_main）;
        /*
         * 使用findViewById方法
         * 根据id找到布局文件activity_main.xml中的两个Button和一个TextView
         * 并强制转化为Button和TextView
         */
        mBtnOpenFan =（Button）findViewById（R.id.btnOpenFan）;
        mBtnCloseFan =（Button）findViewById（R.id.btnCloseFan）;
        mTvFan =（TextView）findViewById（R.id.tvFan）;
        //设置"开"按钮的单击监听事件
        mBtnOpenFan.setOnClickListener（new OnClickListener() {
            @Override
            public void onClick（View v）{
                //设置TextView mTvFan的文本为"风扇开"
                mTvFan.setText（"风扇开"）;
            }
        }）;
        //设置"关"按钮的单击监听事件
        mBtnCloseFan.setOnClickListener（new OnClickListener() {
            @Override
            public void onClick（View v）{
                //设置TextView mTvFan的文本为"风扇关"
                mTvFan.setText（"风扇关"）;
            }
        }）;
    }

}
```

6）选中项目并单击鼠标右键，在弹出的快捷菜单中选择"Run As"→"Android Application"命令，如图1-21所示。然后选择运行设备，可以选择手机或使用模拟器运行，如图1-22所示。

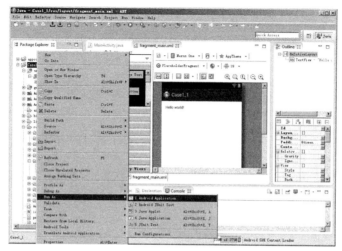

图1-21　运行项目

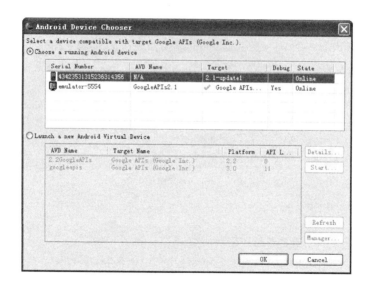

图1-22　启动调试设备

7）运行效果如图1-23所示。

风扇关

图1-23　Case1_1运行效果

3. 案例总结

（1）调试Android应用程序　开发过程中，肯定会遇到各种各样的问题，如何查看程序错误呢？简单举例如下。

在MainActivity.java类的onCreate方法中加入以下代码。

```
protected void onCreate（Bundle savedInstanceState）{
    super.onCreate（savedInstanceState）;
        //加入以下两行代码
    Object object=null;
    object.toString();
    setContentView（R.layout.activity_main）;
}
```

Java语法中对于空对象是不能转换成字符串的，因此会发生NullPointerException异常。启动模拟器后，运行效果如图1-24所示。

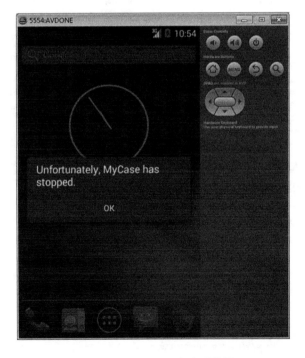

图1-24　Android程序出现错误

但是此时Eclipse控制台上并没有给出任何错误提示，如图1-25所示。

那么如何查看程序哪里出现问题呢？可以打开LogCat选项卡查看，如图1-26所示。

其中有一行信息为java.lang.RuntimeException: Unable to start activity ComponentInfo{com.example.mycase/com.example.mycase.MainActivity}:

java. lang. NullPointerException，说明代码发生了NullPointerException异常。

另外还有一行信息为at com. example. mycase. MainActivity. onCreate（MainActivity. java:20），说明异常是在MainActivity的第20行发生，可以双击该行信息，Eclipse编辑器将会自动定位到该行。

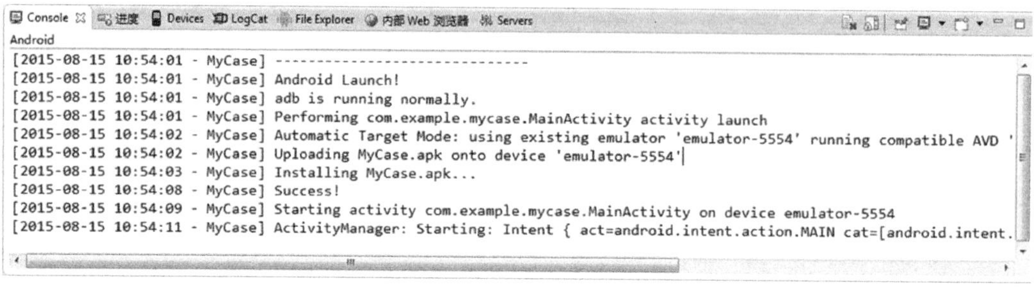

图1-25　Eclipse控制台信息

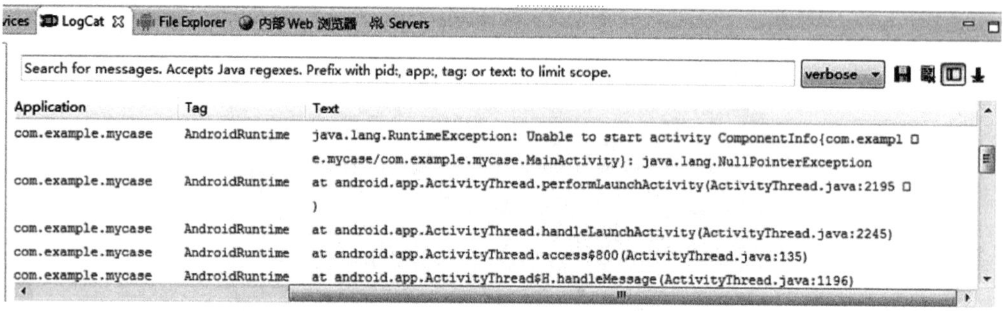

图1-26　应用程序的异常信息

除此之外，开发人员还可以利用Eclipse和Android基于Eclipse的插件，在Eclipse中对Android的程序进行断点调试，下面简单介绍如何调试Android程序。

1）设置断点。和对普通的Java应用设置断点一样，通过双击代码左边的区域进行断点设置，如图1-27所示。

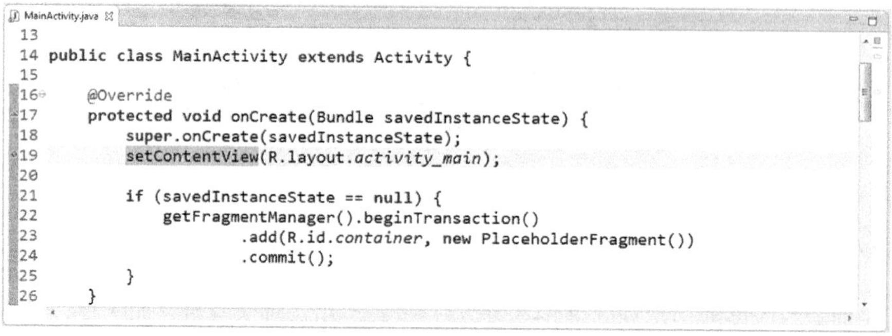

图1-27　设置断点

2）Debug项目。Debug Android项目的操作和Debug普通Java项目类似，只不过在选择调试项目的时候选择Android Application即可，如图1-28所示。

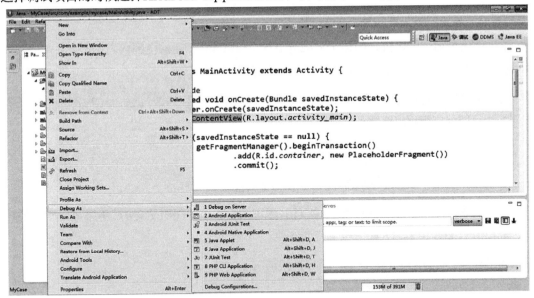

图1-28 Debug项目

3）断点调试。断点调试的过程如图1-29所示。

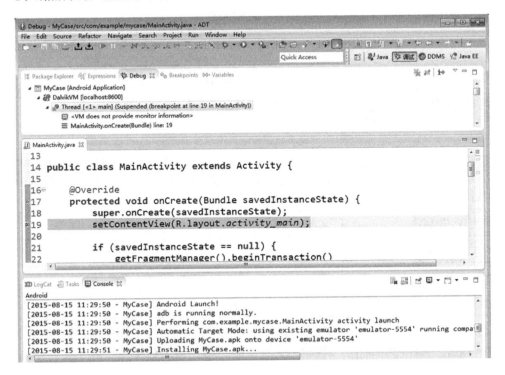

图1-29 断点调试

（2）Android应用开发流程 前面介绍了如何创建第一个Android应用，下面总结开发的基本步骤。

1）创建Android虚拟设备或者硬件设备。开发人员需要创建Android虚拟设备（AVD）或者连接硬件设备来安装应用程序。

2）创建Android项目。Android项目中包含应用程序使用的全部代码和资源文件。它被构建成可以在Android设备安装的APK文件。

3）构建并运行应用程序。在Eclipse中，每次项目保存修改都会自动构建。单击"运行"按钮可以将应用程序部署到模拟器上。

4）使用SDK调试和日志工具调试项目。

（3）基本组件：文本框和按钮

1）文本框。文本框控件包括TextView和EditText。TextView是用来显示字符的控件，而EditText是用来输入和编辑字符的控件。

类TextView的定义（部分），如图1-30所示。

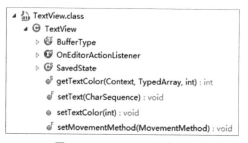

图1-30　TextView的定义

在布局文件中，可以使用的文本框控件的常用属性与方法见表1-1。

表1-1　文本框控件的常用属性与方法

方 法 名	功 能 描 述
text属性	文本框内的文本
layout_width属性	文本框的宽度
layout_height属性	文本框的高度
password属性	属性为"true"时，表示使用密码输入形式
singleLine属性	属性为"false"时，表示多行文本

2）按钮。按钮（Button）是UI设计中使用相当频繁的一个控件，用来定义命令按钮。当用户单击按钮时，会有相应的动作，其动作代码放在按钮的单击事件监听器的onClick()方法内。

Button控件通过 setOnClickListener()方法设置单击事件监听器，该方法以一个实现了android. view. View. OnClickListener接口的对象为参数。

当一个Activity中需要定义单击事件的对象较多时，通常在定义时Activity通过子句

implements实现接口View. OnClickListener。在接口方法public void onClick（View v）{…}中，每个Button都可以使用onClick()方法定义自己的处理方法。

（4）其他知识点

1）字符串（String）资源。在Android中，一般将字符串声明在配置文件中，从而实现程序的可配置性。

字符串资源文件位于res\values目录下，根元素由<resources></resources>标记，在该元素中，使用<string></string>标记定义各字符串。其中，name属性指定字符串的名称，在标记<string></string>中间添加字符串的内容。

例如，为音乐播放器项目定义的一组字符串值，具体代码如下。

```
<resources>
    <string name="last">上一首</string>
    <string name="pause">暂停</string>
    <string name="stop">停止</string>
    <string name="next">下一首</string>
    <string name="info">正在播放:</string>
</resources>
```

2）颜色（Color）资源。颜色资源文件位于res\values目录下，根元素由<resources></resources>标记，在该元素中，使用<color></color>标记定义各颜色资源，其中name属性指定颜色资源的名称，在标记<color></color>中间添加颜色值。

① 创建方法。在Android项目下，单击鼠标右键，在弹出的快捷菜单中选择"res" → "values"命令，新建XML文件，弹出如图1-31所示的对话框。

图1-31　新建颜色资源文件

② 配置后如图1-32所示。

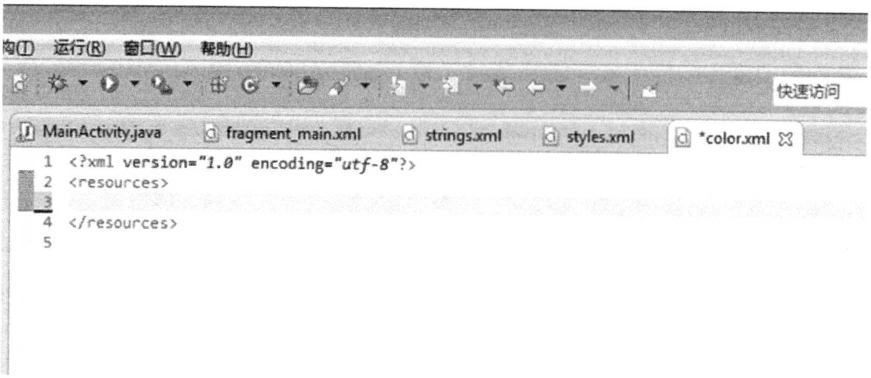

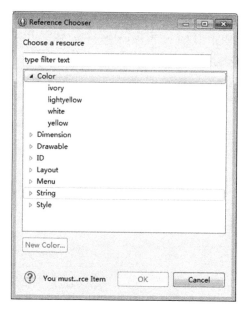

图1-32　配置后

在<resources>中加入自定义的颜色代码如下。

```
<resources>
    <color name="white">#FFFFFF</color><!--白色 -->
    <color name="ivory">#FFFFF0</color><!--象牙色 -->
    <color name="lightyellow">#FFFFE0</color><!--亮黄色 -->
    <color name="yellow">#FFFF00</color><!--黄色 -->
</resources>
```

单击控件TextColor属性后面的按钮,会多出Color选项,展开如图1-33所示。

图1-33　Color选择器

选择一种颜色后,对应生成的代码是android:textColor="@color/XXX"。

1.4 基于Java的物联网实训系统

1. 数字量采集器及其相关设备的安装

数字量采集器采用AMAD-4150，具有7路开关量输入、8路开关量输出通道，分别对应DI0～DI6、DO0～DO7；传输方式为RS-485，所以需经过RS-485/RS-232转换器进行转换后，方可与计算机进行通信。下面简要介绍AMAD-4150数字量采集器及其外围设备的接线。

（1）数字量外接设备布局接线 AMAD-4150数字量采集器的工作电压为DC 24V；本实训平台中，"人体感应"开关量输入信号接入至DI0通道，2台风扇经继电器分别接至DO0、DO1通道。其接线示意如图1-34所示。

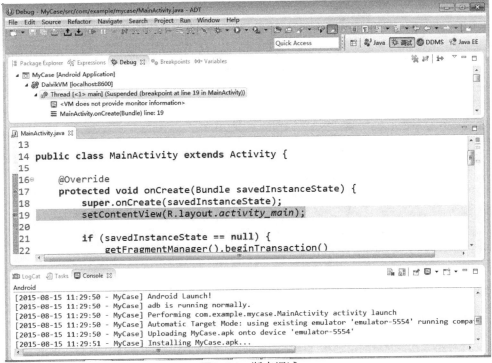

图1-34 断点调试

（2）连接数字量（开关量）采集器的相关设备清单 表1-2中是本书配套物联网实训设备连接至数字量（开关量）采集器的相关设备清单。

表1-2 数字量（开关量）采集器相关设备清单

序　号	产 品 名 称	单 位	个 数
1	ADAM-4150（数字量）	个	1
2	RS-232到RS-485的无源转换器	个	1
3	继电器	台	2
7	人体红外开关	个	1
8	风扇	台	2

注意，用户需特别注意风扇、传感器等设备电源标识，正确接入5V/12V/24V，如读者不能确认接入电压，请咨询相关工程师。

更多关于继电器、人体红外开关、风扇等设备的安装和接线请参阅本书配套的物联网实训系统用户使用参考手册。

2. 四模拟量采集器及其相关设备接线

4路通道的ZigBee采集模块，用于采集模拟信号量，接在ZigBee板上，将采集到的模拟信号量通过ZigBee传输采集信息。

1）ZigBee四模拟量直接采集模块外接设备布局图如图1-35所示。

图1-35　Text View的定义

2）连接ZigBee四模拟量采集器相关设备清单。表1-3是本书配套物联网实训设备连接至四模拟量采集器的相关设备清单。

表1-3　四模拟量采集器相关设备清单

序　　号	产　品　名　称	单　位	个　　数
1	ZigBee板	块	1
1	四输入模拟量通信模块	块	1
2	光照度传感器	台	1
3	温湿度传感器	台	1

更多关于光照度传感器、温湿度传感器等设备的安装和接线请参阅物联网实训系统配套的用户使用参考手册。

1.5　案例拓展

1. 案例展现

创建一个Android程序，实现单击界面上"开"按钮，左侧文字显示为"风扇开"，且实训平台的1#风扇转动；单击"关"按钮，左侧文字显示为"风扇关"，且实训平台的1#风扇停止转动。

2. 代码开发实现

【任务分析】

1）创建一个空白安卓程序。

2）复制动态库到项目中。

3）编写String.xml文件。

4）编写UI布局XML文件，设计出符合要求的UI界面。

5）编写后台代码，实现程序功能。

①动态库对象声明，初始化。

②使用动态库对象打开和关闭1#风扇。

③程序退出时销毁动态库对象。

【操作步骤】

1）新建安卓项目，把素材文件"第1章\Case1_2\libs"文件夹下提供的实训设备操作类库文件复制到libs文件夹中，如图1-36所示。

图1-36　复制类库文件

2）打开res/values/strings.xml，添加代码。

```xml
<?xml version="1.0" encoding="utf-8"?>
<resources>
    <string name="app_name">Case1_2</string>
    <string name="hello_world">Hello world!</string>
    <string name="action_settings">Settings</string>
    <string name="strOpen">开</string>
    <string name="strClose">关</string>
    <string name="strFanOpen">风扇开</string>
    <string name="strFanClose">风扇关</string>
</resources>
```

3）编写activity_main.xml界面代码。

4）打开MainActivity.java，编辑后台代码。

```java
/**
 * 【例1.2】
 * 注：请将ADAM-4150接入Android移动终端COM2口
 *    请将armeabi文件夹、EduLib.jar和NewlandLibrary.jar复制到项目libs文件夹下
 */
public class MainActivity extends Activity {

    //声明两个Button,一个"开"按钮,一个"关"按钮
    private Button mBtnOpenFan,mBtnCloseFan;
    private TextView mTvFan;
    //声明刚导入libs的NewlandLibrary中的NewlandLibraryHelper类
    private NewlandLibraryHelper mLibrary;
    @Override
    protected void onCreate（Bundle savedInstanceState）{
            super.onCreate（savedInstanceState）;
            setContentView（R.layout.activity_main）;
            /*
             * 使用findViewById方法
             * 根据id找到布局文件activity_main.xml中的两个Button和一个TextView
             * 并强制转化为Button和TextView
             */
            mBtnOpenFan = （Button）findViewById（R.id.btnOpenFan）;
            mBtnCloseFan = （Button）findViewById（R.id.btnCloseFan）;
            mTvFan = （TextView）findViewById（R.id.tvFan）;
            //设置"开"按钮的单击监听事件
            mBtnOpenFan.setOnClickListener（new OnClickListener() {
```

```
            @Override
            public void onClick（View v）{
                    //设置TextView mTvFan的文本为"风扇开"
                    mTvFan.setText（"风扇开"）;
                    //调用打开左边风扇按钮使风扇转动
                    mLibrary.openLeftF();
                }
        }）;
        //设置"关"按钮的单击监听事件
        mBtnCloseFan.setOnClickListener（new OnClickListener() {
            @Override
            public void onClick（View v）{
                    //设置TextView mTvFan的文本为"风扇关"
                    mTvFan.setText（"风扇关"）;
                    //调用关闭左边风扇按钮使风扇停止转动
                    mLibrary.closeLeftF();
                }
        }）;
        //实例化NewlandLibraryHelper类，将本文的上下文传入this
        //并且调用createProvider方法创建提供者
            mLibrary = new NewlandLibraryHelper（this）;
            mLibrary.createProvider();
    }
    @Override
    protected void onDestroy() {
        // TODO Auto-generated method stub
        super.onDestroy();
        mLibrary.closeUert();
    }
}
```

5）部署应用程序，将ADAM-4150数字量采集器串口线连接到开发箱COM2口，启动
应用程序，运行效果如图1-37所示。

图1-37　Case1_2运行效果

任务拓展：创建一个Android程序，当单击界面的"人体检测"按钮时，若"有人"则左侧的图片为红色，"无人"则左侧的图片为绿色。

【任务分析】

1）创建一个空白安卓程序。

2）复制动态库到项目中。

3）编写String.xml文件。

4）新建并编写Colors.xml文件（XML的创建方法）。

5）编写UI布局XML文件，设计出符合要求的UI界面（使用基本控件Image View）。

6）编写后台代码，实现程序功能。

①使用动态库对象获取红外检测结果。

②通过红外检测结果实现逻辑控制ImageView显示颜色。

③在代码之中引用Colors.xml文件中的颜色。

④修改ImageView的显示颜色。

【操作步骤】

1）新建安卓项目，把素材文件"第1章\Case1_3\libs"文件夹下提供的实训设备操作类库文件复制到libs。

2）打开res/values/strings.xml，添加如下代码。

```xml
<?xml version="1.0" encoding="utf-8"?>
<resources>
    <string name="app_name">Case1_3</string>
    <string name="hello_world">运算结果</string>
    <string name="btn1">获取人体</string>
    <string name="action_settings">Settings</string>
</resources>
```

3）编写activity_main.xml界面代码。

4）在res/values目录下新建一个android xml文件，选中values文件夹并单击鼠标右键，在弹出的快捷菜单中选择"New"→"android xml file"命令，设置名称为colors.xml，直接单击"Finish"按钮，并编写代码。

```xml
<?xml version="1.0" encoding="utf-8"?>
<resources>
    <color name="red">#FF0000</color>
```

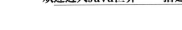

```
    <color name="green">#00FF00</color>
</resources>
```

5）打开MainActivity.java，编辑后台代码。

```java
/**
 * 【例1.3】
 * 注：请将ADAM-4150接入Android移动终端COM2口
 *     请将armeabi文件夹、EduLib.jar和NewlandLibrary.jar复制到项目libs文件夹下
 */
public class MainActivity extends Activity {

    //声明刚导入libs的NewlandLibrary中的NewlandLibraryHelper类并且实例化
    private NewlandLibraryHelper mLibrary = new NewlandLibraryHelper（this）;
    private Button mBtnGetPerson;//定义一个按钮
    private ImageView mImgPerson;
    @Override
    protected void onCreate（Bundle savedInstanceState）{
            super.onCreate（savedInstanceState）;
            setContentView（R.layout.activity_main）;
            //调用createProvider方法创建提供者
            mLibrary.createProvider();
            /*
             * 使用findViewById方法
             * 根据id找到布局文件activity_main.xml中的一个Button和一个ImageView
             * 并强制转化为Button和TextView
             */
            mImgPerson = （ImageView）findViewById（R.id.imgPerson）;
            mBtnGetPerson = （Button）findViewById（R.id.btnGetPerson）;
            //设置mBtnGetPerson的单击监听事件
            mBtnGetPerson.setOnClickListener（new OnClickListener() {
                    @Override
                    public void onClick（View v）{
                getPerson();//获取人体的方法
                    }
            }）;
    }
    private void getPerson() {
            //使用getmPersondata方法获取人体值，将人体值赋值给person
            double person = mLibrary.getmPersondata();
            Log.i（"newland", String.valueOf（person））;
            //判断person是否等于0.0。如果等于0.0则是有人否则无人
            if（person == 0.0）{
                    //等于0.0表示有人，设置ImageView mImgPerson颜色为红色
                    //在这之前需要在项目文件夹values中创建colors.xml并且添加红色和绿色的RGB值
                    mImgPerson.setImageResource（R.color.red）;
```

```
        }else{
                //不等于0.0表示无人，设置ImageView mImgPerson颜色为绿色
                mImgPerson.setImageResource（R.color.green）；
        }

    }
    @Override
    protected void onDestroy() {
        // TODO Auto-generated method stub
        super.onDestroy();
        mLibrary.closeUert()；
    }
}
```

部署应用程序，将ADAM-4150数字量采集器串口线连接到开发箱COM2口，启动应用程序，运行效果如图1-38所示。

绿色：无人 红色：有人

图1-38 Case1_3运行效果

本 章 小 结

  Java是一门纯粹的面向对象的编程语言。面向对象编程的思路认为程序都是对象的组合，因此要克服面向过程编程的思路，直接按照对象和类的思想去组织程序。面向对象所具有的封装性、继承性、多态性等特点使其具有强大的生命力。目前已有很多Java开发集成环境，即IDE，其中Eclipse为开源的Java IDE，目前使用非常普遍。本章在简要讲解了Java的发展及来源、基本特点、工作机制后，从搭建开发环境入手，演示了一个完整的Android程序开发过程。而后重点介绍了物联网实训平台，介绍了如何使用物联网实训平台中的数字量、模拟量采集的相关设备；以两个完整的案例介绍了基于实训设备的Java应用程序开发过

程；最后总结了案例中Java开发所涉及的知识点。

学习这一章应把注意力放在Android项目的开发过程中，为进一步学习打好基础。

习　题

1．选择题

1）Android是由下面哪个公司领导来维护和持续开发的（　　）。

　　A．Lenovo　　　　B．Microsoft　　　　C．Sun　　　　D．Google

2）下面描述错误的是（　　）。

　　A．Windows Mobile／Phone是不开放源代码的，Windows Mobile／Phone
　　　　使用C#和C++作为应用的开发语言

　　B．iOS是不开源的，iOS使用Objective-C作为应用的开发语言

　　C．Symbian是不开源的，Symbian使用C++作为应用的开发语言

　　D．Android使用Java作为主要的应用开发语言，在需要更改Android的底层功能
　　　　时，需要使用C或C++

3）下列关于Java语言特性的描述中，错误的是（　　）。

　　A．支持多线程操作　　　　　　　　B．Java程序与平台无关

　　C．Java程序可以直接访问Internet上的对象　　D．支持单继承和多继承

4）在下列概念中，Java语言只保留了（　　）。

　　A．运算符重载　　B．方法重载　　　　C．指针　　　　D．结构和联合

5）Java程序经过编译后所生成文件的扩展名是（　　）。

　　A．.obj　　　　B．.exe　　　　　　C．.class　　　　D．.java

2．实践操作题

创建一个Android程序，实现单击界面上的"开"按钮，左侧图片为"红色"，且实
训平台的2#风扇转动；单击"关"按钮，左侧图片为"灰色"，且实训平台的2#风扇停止
转动。

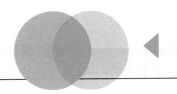

Chapter 2

第2章
四输入模块数据采集——Java语法基础

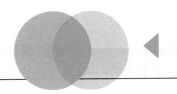

2.1　　　案例展现

　　实现单击界面上"采集"按钮的功能，界面分别显示光照、温度、湿度的实际物理量值；判断温度是否大于文本输入的给定温度值，是则1#风扇开，否则1#风扇关；每单击一次"采集"按钮，单击次数加1；界面底部文字的提示信息为"你是第n次采集数据"，其中n为第几次单击该按钮。效果如图2-1所示。

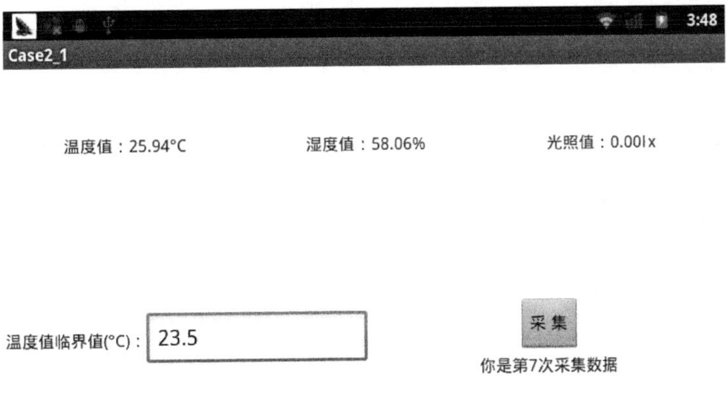

温度值：25.94°C	湿度值：58.06%	光照值：0.00lx

温度值临界值(°C)：`23.5`

采集
你是第7次采集数据

图2-1　Case2_1运行效果

1. 案例分析

本例中界面布局中的控件既有水平方向排列，也有垂直方向排列，因此要采用线性布局的嵌套方式来实现。该界面主要包含了文本框、编辑框和按钮三种控件，显示光照、温度、湿度的实际物理量值采用TextView控件，温度值临界值采用EditText控件，采集按钮用Button控件。需要监听按钮的单击事件，并记录单击的次数，并将采集到的当前温度值与文本输入的给定温度值比较，然后控制相应的风扇开关。主要设计思路如下。

1）创建一个空白安卓程序。

2）把动态库复制到项目中。

3）编写UI布局XML文件，自行设计UI界面。

① LinearLayout布局的使用。

② 布局嵌套。

4）编写后台代码，实现程序功能。

① 按钮单击事件进行监控和处理。

② 使用DecimalFormat类格式化浮点型数据。

③ String类型转换到Double类型。

④ 使用动态库对象获取光照、温度、湿度。

⑤ 使用动态库开关风扇。

2. 操作步骤

1）新建安卓项目，把素材文件"第2章\Case2_1\libs"文件夹下提供的实训设备操作类库文件复制到libs中，如图2-2所示。

图2-2　复制类库文件

2）打开res/values/strings.xml，添加代码。

```xml
<?xml version="1.0" encoding="utf-8"?>
<resources>
    <string name="app_name">Case2_1</string>
    <string name="hello_world">Hello world!</string>
    <string name="action_settings">Settings</string>
    <string name="strOpen">开</string>
    <string name="strClose">关</string>
    <string name="strFanOpen">风扇开</string>
    <string name="strFanClose">风扇关</string>
</resources>
```

3）编写activity_main.xml界面代码。

4）打开MainActivity.java，编辑后台代码。

```java
public class MainActivity extends Activity {
    //声明四个TextView,一个EditText,一个Button
    private TextView mTvTemp,mTvHumi,mTvLight,mTvState;
    private EditText mEtSetTemp;
    private Button mBtnGether;
    //单击次数
    private int count=0;
    //声明刚导入libs的NewlandLibrary中的NewlandLibraryHelper类
    private NewlandLibraryHelper mLibrary;
    @Override
    protected void onCreate(Bundle savedInstanceState) {
        super.onCreate(savedInstanceState);
        setContentView(R.layout.activity_main);
        /*
         * 使用findViewById方法
         * 根据id找到布局文件activity_main.xml中的一个EditText、四个TextView和一个Button
         * 并强制转化为EditText和TextView
         */
        mBtnGether = (Button)findViewById(R.id.btnGether);
        mTvTemp = (TextView)findViewById(R.id.tvTemp);
        mTvHumi = (TextView)findViewById(R.id.tvHumi);
        mTvLight = (TextView)findViewById(R.id.tvLight);
        mTvState = (TextView)findViewById(R.id.tvState);
        mEtSetTemp = (EditText)findViewById(R.id.etSetTemp);

        //实例化NewlandLibraryHelper类，将本文的上下文传入this
        //并且调用createProvider方法创建提供者
```

```java
        mLibrary = new NewlandLibraryHelper(this);
        mLibrary.createProvider();
        //设置采集按钮的单击监听事件
    mBtnGether.setOnClickListener(new OnClickListener() {
        @SuppressLint("NewApi")
        @Override
        public void onClick(View v) {
            //设置3个文本框的值
            count++;//计数器加一表示采集了一次
            mTvState.setText("你是第"+count+"次采集数据");//设置文本框采集几次
            mTvHumi.setText("湿度值："+format(mLibrary.getmHumidata())+"%");
            mTvTemp.setText("温度值："+format(mLibrary.getmTempdata())+"°C");
            mTvLight.setText("光照值："+format(mLibrary.getmLightdata())+"lx");
            //获取临界值判断是否实际温度有没有大于临界值，如果大于则开风扇，否则关闭风扇
            String setTemp = mEtSetTemp.getText().toString();
            if(setTemp.isEmpty())return;
            if(Double.valueOf(setTemp)<mLibrary.getmTempdata()){
                mLibrary.openLeftF();
            }else{
                mLibrary.closeLeftF();
            }
        }
    });
}
@Override
protected void onDestroy() {
    // TODO Auto-generated method stub
    super.onDestroy();
    mLibrary.closeUert();
}

/**
 * 保留小数点后两位
 * @param data 需要保留的双精度数据
 * @return
 */
public String format(double data){
    DecimalFormat df = new DecimalFormat("0.00");
    return df.format(data);
}
}
```

5）部署应用程序，将ADAM-4150数字量采集器串口线连接到开发箱COM2口，启动应用程序。

3. 案例总结

（1）DecimalFormat类　DecimalFormat是NumberFormat的一个具体子类，用于格式化十进制数字。DecimalFormat 包含一个模式和一组符号。DecimalFormat的符号含义见表2-1。

表2-1　DecimalFormat的符号含义

符　　号	含　　义
0	一个数字
#	一个数字，不包括 0
.	小数的分隔符的占位符
,	分组分隔符的占位符
;	分隔格式
-	默认负数前缀
%	乘以 100 和作为百分比显示

【例2.1】 Decimal Format的符号含义。

```
DecimalFormat df1 = new DecimalFormat( "0.0" );
DecimalFormat df2 = new DecimalFormat( "#.#" );
DecimalFormat df3 = new DecimalFormat( "000.000" );
DecimalFormat df4 = new DecimalFormat( "###.###" );
System.out.println(df1.format(12.34));
System.out.println(df2.format(12.34));
System.out.println(df3.format(12.34));
System.out.println(df4.format(12.34));
```
例2.1的编译运行结果如下：
```
12.3
12.3
012.340
12.34
```
注意，需导入包java. text. DecimalFormat。

【例2.2】 DecimalFormat类的使用。

```
DecimalFormat df1 = new DecimalFormat( "####.000" );
System.out.println(df1.format(1234.56));
```
例2.2的编译运行结果如下：
```
1234.560
```
分析：在这个例子中设置了数字的格式，使用像"####.000"的符号。这个模式意味着在小数点前有四个数字，如果不足则空着，小数点后有三位数字，不足用0补齐。

2.2 Java的数据类型

1. 数据类型的划分

Java变量包括如下两大数据类型: 基本数据类型和对象数据类型。

基本数据类型包括以下几种。

1) 整数: byte、short、int、long。

2) 浮点数: float、double。

3) 字符类型: char。

4) 布尔类型: boolean。

对象数据类型主要是Java类的实例对象类型。

2. 基本数据类型

Java语言提供了八种基本类型,其中六种数字类型(四个整数型和两个浮点型),一种字符类型,还有一种布尔型。基本数据类型见表2-2。

表2-2　基本数据类型

类　型	字　节　数	位　数	取　值　范　围	举　例
byte	1	8	$-2^7 \sim 2^7-1$的整数	-128, 54, 127
short	2	16	$-2^{15} \sim 2^{15}-1$的整数	1348, 6543
int	4	32	$-2^{31} \sim 2^{31}-1$的整数	0, -1000, 34 5678
long	8	64	$-2^{63} \sim 2^{63}-1$的整数	987 657 897, -12
float	4	32	$-2^{31} \sim 2^{31}$的整数	23.978, 87F
double	8	64	$-2^{63} \sim 2^{63}$的整数	2.0231, 0.435D
char	2	16	$-2^{15} \sim 2^{15}$的整数	400, A, z, x, -23
boolean	1	8	true, false	true

1) byte(字节型): 在计算机中1字节一般占8位。

2) char(字符型): 占2字节,也就是16位。

3) short(短整型): 占2字节,也就是16位。

4) int(整型): 占4字节,也就是32位。

5) long(长整型): 占8字节,也就是64位。

6) float(单精度实型): 小数点后保留7位有效数字,占32位。

7）double（双精度实型）：小数点后保留15位有效数字，占64位。

8）boolean（字节型）：占1字节，8位。

计算机中所有的数据都是以0和1的组合来存储的，如整型数字1，在计算机中的实际存储形式为：

00000000 00000000 00000000 00000001

上面的每一个0或者每一个1都被称为1位。

（1）byte　byte数据类型是8位有符号的、以二进制补码表示的整数；最小值是-128（-2^7）；最大值是127（2^7-1）；默认值是0。

byte类型在大型数组中节约空间，主要代替整数，因为byte变量占用的空间只有int类型的四分之一。例如：

byte a = 100，byte b = –50。

（2）char　char类型是一个单一的16位Unicode字符。最小值是"\u0000"（即为0）；最大值是"\uffff"（即为65 535）；char数据类型可以储存任何字符。例如：

char letter = "A"。

Java中还有一种特殊的字符型数值，那就是转义字符。有一些特殊符号是不能通过一般字符来进行显示的，如换行符和制表符。表2-3中列出了Java中比较常用的转义字符。

表2-3　常用转义字符

转 义 字 符	描　　述
\ddd	1～3位八进制数据所表示的字符（ddd）
\uxxxx	1～4位十六进制数所表示的字符（xxxx）
\'	单引号字符
\"	双引号字符
\\	反斜杠字符
\r	回车
\n	换行
\f	走纸换页
\t	横向跳格
\b	退格

（3）short　short数据类型是16位有符号的、以二进制补码表示的整数。最小值是-32 768（-2^{15}）；最大值是32 767（$-2^{15}-1$）。

short数据类型也可以像byte一样节省空间。一个short变量是int型变量所占空间的二分之一；默认值是0。例如：

short s = 1000，short r = –20000。

（4）int　整型是Java数据类型中的最基本类型，用int表示。所谓整型就好比日常生活中的十进制数，是没有小数点的。Java中整型数据是有符号的，且有正负之分，如-10、20。

Java中整数常量有3种表示方式：十进制、八进制（以0开头）和十六进制（以0x或0X表示）。下面就对这三种进制来进行介绍。

1）十进制：十进制数在日常生活中最常见。Java中定义一个十进制数如下。

正的十进制数：int i = 11。

负的十进制数：int j = -12。

2）八进制：八进制数的进制规则是满8进1，包含0～7的8个数字，在整数前面添加一个"0"就表示为八进制数。

3）十六进制：十六进制数的进制规则是满16进1，包含0～9、a～f的16个数字，在整数前面添加一个"0x"表示十六进制数。

如果对八进制和十六进制的转换不太清楚，首先要知道十进制、八进制和十六进制的成员。

十进制的基本成员：0、1、2、3、4、5、6、7、8、9。

八进制的基本成员：0、1、2、3、4、5、6、7。

十六进制的基本成员：0、1、2、3、4、5、6、7、8、9、A、B、C、D、E、F（其中A、B、C、D、E、F分别代表10、11、12、13、14、15）。

例如，八进制数345转换成十进制数为$5\times8^0+4\times8^1+3\times8^2$。

例如，十六进制数45转换成十进制数为$5\times16^0+4\times16^1$。

（5）long　对于大型计算，常常会遇到很大的整数，超出int类型所表示的范围，这时就要使用long类型。

一个Java整数常量默认是int类型，有以下两种情形必须清楚。

1）如果直接将较小的整数常量（在byte或short的数值范围）赋给byte或short变量，则系统会自动把这个整数常量当作byte和short类型来处理。

2）如果使用一个较大的整数（超过int类型的表数范围），则Java不会自动把这个整数常量当做long类型处理，如果希望当作long处理，则应该在常量后面增加L。

（6）浮点型　浮点型同样也是Java数据类型中的基本类型，整型表示整数，浮点型则表示小数。所谓浮点类型就好比日常生活中的十进制数加上小数点。Java中浮点类型是有符号且有正负之分的。

1）float：单精度浮点数。声明为float类型的浮点数时，要在结尾加F或f，浮点数默认的类型是double。

正的浮点数：float i1=11.11F;

负的浮点数：float j2=-17.15f;

2）double：双精度浮点数。声明为double类型的浮点数时，建议在double数据类型的数后面加上D或者d，以便更能够和单精度浮点数区分。

（7）boolean　布尔（boolean）型是一种起到判断作用的数据类型。boolean类型的取值非常简单，就好比日常生活中的真与假，在Java中用true与false表示真与假。例如：

```
boolean b1 = false；  boolean b2 = true。
```

3．自动转换

自动转换就是不需要明确指出所要转换的类型是什么，是由Java虚拟机自动来转换的。转换的规则就是小数据类型变为大数据类型，但大数据类型的数据精度有的时候要被破坏。

下面看一段代码。

定义各种数据类型如下。

```
int i = 123;
char c1 = 22;
char c2 = 'c';
byte b = 2;
```
自动转换的数据类型如下。

```
int n = b;
long l = i;
```
自动类型转换：理论上数值范围小的类型可以自动转换为数值范围大的类型，具体如下。

```
byte->short、char->int->long->float->double 。
```

4．强制转换

强制转换，是一种强制性的，明明不能自动转换，而强制进行转换。

定义数据类型如下。

```
int i = 22;
long l= 33;
```
强制转换数据类型如下。

```
char c = (char)i;
int n = (int)l;
```

其中，i原来是一个int型，但要将它强行转换成char型。同样，l原来是一个long型，但要将它强行转换成int型。通过前面的学习已经知道，long型的取值范围最大值可以为$2^{63}-1$，而int型的取值范围最大值只有$2^{31}-1$，所以如果l为一个大于$2^{31}-1$的数，那么在强制类型转换时就会丢失精度，使数值发生变化，这也是需要注意的地方。

5. 引用类型

引用类型变量由类的构造函数创建，可以使用它们访问所引用的对象。这些变量在声明时被指定为一个特定的类型，如Employee、Manager等。变量一旦声明后，类型就不能被改变了。对象、数组都是引用数据类型。所有引用类型的默认值都是null。

一个引用变量可以用来引用任何之兼容的类型。例如：

Animal animal = new Animal（"tiger"）。

Java中所有对象都要通过对象引用访问，对象引用是指向对象存储所在堆中某个区域的指针，所有的对象数据类型都属于引用数据类型。如下所示，b和c都是引用类型。

int a=1; //基本数据类型
Integer b=new Integer(1); //对象引用
Integer c=b; //对象引用

引用类型和基本数据类型具有不同的特征和用法，当引用类型和基本数据类型用作某个类的实例数据所指定的默认值时，对象引用实例变量的默认值为null，而基本数据类型实例变量的默认值与它们的类型有关。

例如，不能对基本数据类型调用方法，但可以对对象调用方法如下。

int a=1; //基本数据类型
a.hashCode(); //错误
Integer b=new Integer(1); //对象引用
b.hashCode(); //正确

对于数值类型的基本类型的取值范围，无须强制去记忆，因为它们的值都已经以常量的形式定义在对应的包装类中了。请看下面的例子。

【例2.3】 新建一个Java项目，新建类PrimitiveTypeTest.java，运行程序观察结果，代码清单如下。

```java
public class PrimitiveTypeTest {
    public static void main(String[] args) {
        // byte
        System.out.println("基本类型：byte 二进制位数：" + Byte.SIZE);
        System.out.println("包装类：java.lang.Byte");
        System.out.println("最小值：Byte.MIN_VALUE=" + Byte.MIN_VALUE);
        System.out.println("最大值：Byte.MAX_VALUE=" + Byte.MAX_VALUE);
        System.out.println();
```

```
    // short
    System.out.println("基本类型：short 二进制位数：" + Short.SIZE);
    System.out.println("包装类：java.lang.Short");
    System.out.println("最小值：Short.MIN_VALUE=" + Short.MIN_VALUE);
    System.out.println("最大值：Short.MAX_VALUE=" + Short.MAX_VALUE);
    System.out.println();
    // int
    System.out.println("基本类型：int 二进制位数：" + Integer.SIZE);
    System.out.println("包装类：java.lang.Integer");
    System.out.println("最小值：Integer.MIN_VALUE=" + Integer.MIN_VALUE);
    System.out.println("最大值：Integer.MAX_VALUE=" + Integer.MAX_VALUE);
    System.out.println();
    // long
    System.out.println("基本类型：long 二进制位数：" + Long.SIZE);
    System.out.println("包装类：java.lang.Long");
    System.out.println("最小值：Long.MIN_VALUE=" + Long.MIN_VALUE);
    System.out.println("最大值：Long.MAX_VALUE=" + Long.MAX_VALUE);
    System.out.println();
    // float
    System.out.println("基本类型：float 二进制位数：" + Float.SIZE);
    System.out.println("包装类：java.lang.Float");
    System.out.println("最小值：Float.MIN_VALUE=" + Float.MIN_VALUE);
    System.out.println("最大值：Float.MAX_VALUE=" + Float.MAX_VALUE);
    System.out.println();
    // double
    System.out.println("基本类型：double 二进制位数：" + Double.SIZE);
    System.out.println("包装类：java.lang.Double");
    System.out.println("最小值：Double.MIN_VALUE=" + Double.MIN_VALUE);
    System.out.println("最大值：Double.MAX_VALUE=" + Double.MAX_VALUE);
    System.out.println();
     // char
    System.out.println("基本类型：char 二进制位数：" + Character.SIZE);
    System.out.println("包装类：java.lang.Character");
    // 以数值形式而不是字符形式将Character.MIN_VALUE输出到控制台
    System.out.println("最小值：Character.MIN_VALUE="+ (int) Character.MIN_VALUE);
    // 以数值形式而不是字符形式将Character.MAX_VALUE输出到控制台
    System.out.println("最大值：Character.MAX_VALUE="+ (int) Character.MAX_VALUE);
    }
}
```

例2.3的编译运行结果如下。

基本类型：byte 二进制位数：8

包装类：java.lang.Byte

最小值：Byte.MIN_VALUE=-128

最大值：Byte.MAX_VALUE=127

基本类型：short 二进制位数：16

包装类：java.lang.Short

最小值：Short.MIN_VALUE=-32768

最大值：Short.MAX_VALUE=32767

基本类型：int 二进制位数：32

包装类：java.lang.Integer

最小值：Integer.MIN_VALUE=-2147483648

最大值：Integer.MAX_VALUE=2147483647

基本类型：long 二进制位数：64

包装类：java.lang.Long

最小值：Long.MIN_VALUE=-9223372036854775808

最大值：Long.MAX_VALUE=9223372036854775807

基本类型：float 二进制位数：32

包装类：java.lang.Float

最小值：Float.MIN_VALUE=1.4E-45

最大值：Float.MAX_VALUE=3.4028235E38

基本类型：double 二进制位数：64

包装类：java.lang.Double

最小值：Double.MIN_VALUE=4.9E-324

最大值：Double.MAX_VALUE=1.7976931348623157E308

基本类型：char 二进制位数：16

包装类：java.lang.Character

最小值：Character.MIN_VALUE=0

最大值：Character.MAX_VALUE=65535

2.3 变量与常量

1. 标识符

Java语言中，对于变量、常量、函数、语句块都有名字，统统称之为Java标识符。标识符是用来给类、对象、方法、变量、接口和自定义数据类型命名的。

（1）标识符组成　Java标识符由数字、字母、下画线（_）和美元符号（$）组成。Java中是区分大小写的，而且还要求首位不能是数字。最重要的是，Java关键字不能当作Java标识符。

下面的标识符是合法的。

myName，My_name，Points，$points,_sys_ta，OK，_23b，_3_

下面的标识符是非法的。

```
2Sun      //以数字2开头
class     //Java的关键字，有特殊含义
#myname   //含有其他符号#
```

注意，符合标识符的命名规则并不是一种最好的命名方法。给一个标识符命名首先要符合命名规范，还要符合含义。

常见的命名习惯如下。

● 　包名一般用小写字母和少量的数字组成，如org、dao等，最好是组织名、公司名或功能模块名。定义Java包的官方建议是把域名以点号分隔各段颠倒过来作为类的包名开始部分，这样就能保证不会命名冲突。例如：apache的域名为apache.org，所以apache项目java类就以org.apache开头；sun域名为sun.com，也就是com.sun开头。

● 　类名和接口名一般由一个或几个单词组成，遵循"驼峰规则"。

● 　方法名除了第一个单词首字母小写外，其他单词都是首字母大写，与类名的取名类似，即小驼峰规则：如getUserName()。

● 　属性名如果是基本数据类型的变量一般小写，如"int name"；引用数据类型的变量一般与类名的取名类似，如"String UserNameTable"等。只有局部变量可以简写，如"int i;"或"int j"等。

说明：驼峰命名法（Camel-Case）就是当变量名或函数名是由一个或多个单词连接在一起而构成的唯一识别字时，第一个单词以小写字母开始，第二个单词的首字母大写或每一个单词的首字母都采用大写字母，如myFirstName、myLastName，这样的变量名看上去就像骆驼峰一样此起彼伏。驼峰命名法的命名规则可视为一种惯例，并无绝对与强制，为的是增加识别性和可读性。

（2）关键字　Java中的关键字见表2-4。

表2-4　Java中的关键字

类　　别	关　键　字	含　　义
访问修饰符的关键字	public	公有的
	protected	受保护的
	private	私有的
定义类、接口、抽象类，以及实现接口、继承类的关键字、实例化对象	class	类
	interface	接口
	abstract	声明抽象
	implements	实现
	extends	继承
	new	创建新对象
包的关键字	import	引入包的关键字
	package	定义包的关键字
数据类型的关键字	byte	字节型
	char	字符型
	boolean	布尔型
	short	短整型
	int	整型
	float	单精度浮点型
	long	长整型
	double	双精度浮点型
	void	无返回
	null	空值
	true	真
	false	假
条件循环（流程控制）	if	如果
	else	否则，或者
	while	当什么的时候
	for	满足三个条件时
	switch	开关
	case	返回开关中的结果
	default	默认
	do	运行
	break	跳出循环
	continue	继续
	return	返回
	instance of	实例
修饰方法、类、属性和变量	static	静态的
	final	最终的，不可被改变的
	super	调用父类的方法
	this	当前类的父类的对象
	native	本地
	strictfp	严格，精准
	synchronized	线程，同步
	transient	短暂
	volatile	易失
错误处理	catch	处理异常
	try	捕获异常
	finally	有没有异常都执行
	throw	抛出一个异常对象
	throws	声明一个异常可能被抛出
枚举和断言	enum	枚举
	assert	断言

2．常量

常量就是一个固定值。它们不需要计算，直接代表相应的值。

常量指不能改变的量，在Java中用final标志，声明方式和变量类似，如下所示。

```
final double PI = 3.1415927;
```

虽然常量名也可以用小写，但为了便于识别，通常使用大写字母表示常量。

Java中的常量包括整型常量、浮点型常量、布尔常量和字符常量等。整型常量举例如下。

十进制：不能以0开头，多个0～9之间的数字。

十六进制： 以0x或0X开头，如0x8a 、0X56d。

八进制：必须以0开头，如034 、0376。

长整型：必须以L结尾，如87L、345L。

浮点数常量举例如下。

float型：2e3f、0.6f。

double型：4.1d、 1.23d。

布尔常量：true 和 false。

字符常量："a" "5"。

字符串常量："hello" "8698" "\nmain"。

转义字符：\n表示换行。

null常量：null，表示对象的引用为空。

字面量可以赋给任何内置类型的变量。例如：

```
byte a = 68;char a = 'A';
```

byte、int、long、和short都可以用十进制、十六进制以及八进制的方式来表示。当使用常量的时候，前缀0表明是八进制，而前缀0x代表十六进制。例如：

```
int decimal = 100;int octal = 0144;int hexa = 0x64;
```

和其他语言一样，Java的字符串常量也是包含在两个引号之间的字符序列。下面是字符串型常量的例子：

```
"Hello World" " two\nlines" " \"This is in quotes\"
```

字符串常量和字符常量都可以包含任何Unicode字符。例如：

```
char a = '\u0001';String a = "\u0001";
```

3. 变量

在Java语言中，所有的变量在使用前必须声明。声明变量的基本格式如下。

type identifier [= value][, identifier [= value] ...]

格式说明：type为Java数据类型，identifier是变量名，可以使用逗号隔开来声明多个同类型变量。

以下列出了一些变量的声明实例，注意有些包含了初始化过程。

```
int a, b, c;                    // 声明三个int型整数：a、b、c
int d = 3, e, f = 5;            // d声明三个整数并赋予初值
byte z = 22;                    // 声明并初始化z
double pi = 3.14159;            // 声明了pi
char x = 'x';                   // 变量x的值是字符 "x"
```

Java语言支持的变量类型有局部变量、成员变量和类变量。

（1）局部变量

● 局部变量声明在方法、构造方法或者语句块中。

● 局部变量在方法、构造方法或者语句块被执行的时候创建，当它们执行完成后，变量将会被销毁。

● 访问修饰符不能用于局部变量。

● 局部变量只在声明它的方法、构造方法或者语句块中可见。

● 局部变量没有默认值，所以局部变量被声明后，必须经过初始化，才可以使用。

【例2.4】 在以下实例中，age是一个局部变量，定义在childAge()方法中，它的作用域就限制在这个方法中。

```
public class Test
{
    public void childAge()
    {
        int age = 0;
        age = age + 7;
        System.out.println("Child age is : " + age);
    }
    public static void main(String args[])
    {
        Test test = new Test();
        test.childAge();
    }
}
```

例2.4的编译运行结果如下。

Child age is: 7

【例2.5】 在下面的例子中，age变量没有初始化，所以在编译时出错。

```java
public class Test
{
    public void childAge()
    {
        int age;
        age = age + 7;
        System.out.println("Child age is : " + age);
    }
    public static void main(String args[])
    {
        Test test = new Test();
        test.childAge();
    }
}
```

例2.5的编译运行结果如下。

java. lang. Error: Unresolved compilation problem: The local variable age may not have been initialized

（2）实例变量 实例变量声明在一个类中，但是在方法、构造方法和语句块之外。

【例2.6】 实例变量举例。

```java
import java.io.*;
public class Employee {
    // 这个成员变量对子类可见
    public String name;
    // 私有变量，仅在该类可见
    private double salary;
    // 在构造方法器中对name赋值
    public Employee(String empName) {
        name = empName;
    }
    // 设定salary的值
    public void setSalary(double empSal) {
        salary = empSal;
    }
    // 打印员工信息
    public void printEmp() {
```

```
            System.out.println("name : " + name);
            System.out.println("salary :" + salary);
        }
    public static void main(String args[]) {
        Employee emp = new Employee("Mike");
        emp.setSalary(1000);
        emp.printEmp();
        }
    }
```

例2.6的编译运行结果如下。

```
name : Mike
salary :1000.0
```

（3）类变量（静态变量） 所谓静态变量就是只能存在一份，是属于类的，不随着对象的创建而建立副本。如果不想在创建对象的时候就需要知道一些相关信息，那么就声明为static类型。被修饰为static类型的成员变量不属于对象，它是属于类的。

【例2.7】 静态变量举例。

```
import java.io.*;
public class Employee {
    // salary是静态的私有变量
    private static double salary;
    // DEPARTMENT是一个常量
    public static final String DEPARTMENT = "HR ";

    public static void main(String args[]) {
        salary = 5000;
        System.out.println(DEPARTMENT + "average salary:" + salary);
    }
}
```

例2.7的编译运行结果如下。

```
HR average salary:5000
```

注意，如果其他类想要访问该变量，可以通过"类名.变量名"访问，如Employee.DEPARTMENT。

（4）实例变量和静态变量的区别

● 在语法定义上的区别如下。

静态变量前要加static关键字，而实例变量前则不加。

● 在程序运行时的区别如下。

实例变量属于某个对象的属性，必须创建了实例对象，其中的实例变量才会被分配空间，才能使用这个实例变量。

静态变量不属于某个实例对象，而是属于类的，所以也称为类变量，只要程序加载了类的字节码，不用创建任何实例对象，静态变量就会被分配空间，然后就可以被使用了。

总之，实例变量必须创建对象后才可以通过这个对象来使用，静态变量则可以直接使用类名来引用。

● 在内存中的区别如下。

类静态变量在内存中只有一个，Java虚拟机在加载类的过程中为静态变量分配内存，静态变量位于方法区，被类的所有实例共享，静态变量可以通过类名直接访问。静态变量的生命周期取决于类的生命周期，当类被加载的时候，静态变量被创建并分配内存空间，当类被卸载时，静态变量被摧毁，并释放所占有的内存。

类的每一个实例都有相应的实例变量，每创建一个类的实例，Java虚拟机为实例变量分配一次内存，实例变量位于堆区中，实例变量的生命周期取决于实例的生命周期，当创建实例时，实例变量被创建并分配内存，当实例被销毁时，实例变量也被销毁，并释放所占有的内存空间。

【例2.8】 实例变量和局部变量的区别。

```java
public class Test {
    int t; // 实例变量
    public static void main(String args[]) {
        int t = 1; // 局部变量
        System.out.println(t); // 打印局部变量
        Test a = new Test(); // 创建实例
        System.out.println(a.t); // 通过实例访问实例变量
    }
}
```

例2.8的编译运行结果如下。

```
1
0
```

注意，成员变量具有默认值 而局部变量则没有。

【例2.9】 实例变量和静态变量的区别。

```java
public class Test {
    static int t; // 静态变量
    public static void main(String args[]) {
```

```
System.out.println(t); // 打印静态变量
int t = 1; // 局部变量
System.out.println(t); // 打印局部变量
Test a = new Test(); // 创建实例
System.out.println(a.t); // 通过实例访问实例变量
    }
}
```

例2.9的编译运行结果如下。

```
0
1
0
```

2.4 运算符与表达式

1. 算术运算符

假如a=3，b=2，算术运算符运算规则见表2-5。

表2-5 算术运算符运算规则

运 算 符	运 算	范 例	结 果	说 明
+	正号	a=+b;	a=2;	
−	负号	a=−b;	a=−2;	
+	加	a= a+b;	a=5;	把a和b相加的值给a
−	减	a=a−b;	a=1;	
*	乘	a=a*b;	a=6;	
/	除	a=a/b;	a=1;	由于是整型，所以a/b的值为整型1
%	取模	a=a%b;	a=1;	把a除b的余数赋值给a
++	自增（前）	b=++a;	b=4；a=4;	先让a的值加1，再把a的值赋值给b
++	自增（后）	b=a++;	b=3；a=4;	先把a的值赋值给b，再让a的值加1
− −	自减（前）	b=− −a;	b=2；a=2;	先让a的值减1，再把a的值赋值给b
− −	自减（后）	b=a− −;	b=3；a=2;	先把a的值赋给b，再让a减1
+	字符串相加	"Hello" +" World"	"Hello World"	

【例2.10】 算术运算实例。

```
public class Temp{
    public static void main(String[] args){
        int a=10;
        int b=10;
```

```
        System.out.println("自增运算符在后 a="+(a++));
        System.out.println("a的值 a="+a);
        System.out.println("自增运算符在前 b="+(++b));
    }
}
```

例2.10的编译运行结果如下。

自增运算符在后 a=10
a的值 a=11
自增运算符在前 b=11

2．关系运算符

Java中的关系运算符见表2-6。

表2-6　Java中的关系运算符

运　算　符	含　　　义	示　　　例
==	等于	a==b
!=	不等于	a!=b
>	大于	a>b
<	小于	a<b
>=	大于或等于	a>=b
<=	小于或等于	a<=b
instanceof	检查是否为该类的一个对象	"aa" instanceof String

关系运算符的结果是boolean类型的，只有true/false两种。

注意，关系运算符中的"=="不能误写成"="。

【例2.11】 关系运算实例。

```
public class Temp{
    public static void main(String[] args){
        int a=10;
        int b=21;
        System.out.println("a>b的值为"+(a>b));
    }
}
```

例2.11的编译运行结果如下。

a>b的值为false

3．逻辑运算符

Java中的逻辑运算符见表2-7。

表2-7　Java中的逻辑运算符

运　算　符	含　义	示　例
&	逻辑与	A&B
|	逻辑或	A|B
^	逻辑异或	A^B
!	逻辑非	!A
||	短路或	A||B
&&	短路与	A&&B

逻辑运算符中的&和&&的区别如下。

● &：无论任何情况，&两边的表达式都要运算。

● &&：如果左边是false，则不会计算右边的表达式。

|和||的区别如下。

● |：无论任何情况，|两边的表达式都要运算。

● ||：如果左边表达式的值为true，则不会计算右边表达式的值。

【例2.12】　逻辑运算实例1。

```
public class Temp{
    public static void main(String[] args){
        boolean n = (5 > 3) && (2 > 8);
        System.out.println(n);
    }
}
```

例2.12的编译运行结果如下。

```
false
```

将上例中的&&改成||。

```
public class Temp{
    public static void main(String[] args){
        boolean n = (5 > 3) || (2 > 8);
        System.out.println(n);
    }
}
```

以上实例的编译运行结果如下。

```
true
```

【例2.13】　逻辑运算实例2。

```
public class Temp{
    public static void main(String[] args){
```

```
        boolean n = !(2 > 8);
        System.out.println(n);
    }
}
```

例2.13的编译运行结果如下。

```
true
```

4. 位运算符

Java中的位运算符见表2-8。

表2-8　Java中的位运算符

运　算　符	含　　义	示　　例
～	按位非（NOT）/取反	b=～a
&	按位与（AND）	c=a&b
|	按位或（OR）	c=a|b
^	按位异或（XOR）	c=a^b
>>	右移	b=a>>2
>>>	无符号右移，左边空出的位以0填充	b=a>>>2
<<	左移	b=a<<1

运算规则如下。

1）按位与（&）：两位全为1，则结果为1，否则为0。

2）按位或（|）：两位有一个为1，则结果为1，否则为0。

3）按位取反（～）：0变1，1变0。

4）按位异或（^）：两位如果相同，则结果为0；如果不同，则结果为1。

5）算术右移（>>）：低位溢出，符号位不变，并用符号位补溢出的高位。

6）算术左移（<<）：符号位不变，低位补0。

7）逻辑右移（>>>）：低位溢出，高位补0。注意，逻辑右移（>>>）中的符号位（最高位）也随着变化。

【例2.14】　与运算符的应用。

```
public class Temp{
    public static void main(String[] args){
        int a=129;
        int b=128;
        System.out.println("a 和b 与的结果是："+(a&b));
    }
}
```

例2.14的编译运行结果如下。

a 和b 与的结果是：128

分析：129转换成二进制就是10000001，128转换成二进制就是10000000。根据与运算符的运算规律，只有两位都是1，结果才是1，可以知道结果为10000000，即128。

【例2.15】 或运算符的应用。

```
public class Temp{
    public static void main(String[] args){
        int a=129;
        int b=128;
        System.out.println("a 和b 或的结果是："+(a|b));
    }
}
```

例2.15的编译运行结果如下。

a 和b 或的结果是：129

分析：根据或运算符的运算规律，只有两位中有一个是1，结果才是1，可知结果为10000001，即129。

【例2.16】 取反运算符的应用。

```
public class Temp{
    public static void main(String[] args){
        int a=2;
        System.out.println("a 非的结果是："+(~a));
    }
}
```

例2.16的编译运行结果如下。

a 非的结果是：-3

分析：根据取反运算符的运算规律，2转换成二进制就是00000010，取反后为11111101，最高位是1，即负数，转换成十进制后为-3。

【例2.17】 异或运算符的应用。

```
public class Temp{
    public static void main(String[] args){
        int a=15;
        int b=2;
        System.out.println("a 与 b 异或的结果是："+(a^b));
    }
}
```

例2.17的编译运行结果如下。

a 与 b 异或的结果是：13

分析：15转换成二进制为1111，2转换成二进制为0010，根据异或的运算规律，可以得出其结果为1101，即13。

【例2.18】 右移运算符的应用。

```java
public class Temp{
    public static void main(String[] args){
        int n = 5 >> 2 ;
        System.out.println(n);
    }
}
```

例2.18的编译运行结果如下。

1

【例2.19】 左移运算符的应用。

```java
public class Temp{
    public static void main(String[] args){
        int n = 5 << 2 ;
        System.out.println(n);
    }
}
```

例2.19的编译运行结果如下。

20

【例2.20】 无符号右移运算符的应用。

```java
public class Temp{
    public static void main(String[] args){
        int n = 7 >>> 2 ;
        System.out.println(n);
    }
}
```

例2.20的编译运行结果如下。

1

注意，移位运算符是只能处理整数的运算符。char、byte、short类型，在进行移位之前，都将被转换成int类型，移位后的结果也是int类型；移位符号右边的操作数只截取其二进制的后5位（目的是防止因为移位操作而超出int类型的表示范围：2的5次方是32，int类型的最大范围是32位）；对long类型进行移位，结果仍然是long类型，移位符号右边的操作符只截取其二进制的后6位。

<<和>>：若符号位为正，则在最高位插入0；若符号位为负，则在最高位插入1。

>>>：无论正负，都在最高位插入0。

5. 赋值运算符

假如a=3，b=2，Java中的赋值运算符见表2-9。

表2-9　Java中的赋值运算符

运 算 符	运 算 赋 值	范　　例	结　　果	说　　明
=	赋值	a=3；b=2；	a=3；b=2；	
+=	加等于	a=3；b=2；a+=b；	a=5；b=2；	a=a+b；
−=	减等于	a=3；b=2；a−=b；	a=1；b=2；	a=a−b；
*=	乘等于	a=3；b=2；a*=b；	a=6；b=2；	a=a*b；
/=	除等于	a=3；b=2；a/=b；	a=1；b=2；	a=a/b；
%=	模等于	a=3；b=2；a%=b；	a=1；b=2；	a=a%b；

6. 条件运算符

条件?表达式1：表达式2；

如果条件的值为true，则这个表达式的值为表达式1的值，否则为表达式2的值。

【例2.21】 条件运算符的应用。

```java
public class Temp{
    public static void main(String[] args){
        boolean n = (5 < 3) ? true : false;
        System.out.println(n);
    }
}
```

例2.21的编译运行结果如下。

false

7. 运算符的优先级

Java中运算符的优先级和结合性见表2-10。

表2-10　Java中运算符的优先级和结合性

序 列 号	符 号	名 称	结 合 性	目 数
1	.	点	从左到右	双目
	( )	圆括号	从左到右	
	[ ]	方括号	从左到右	

（续）

序 列 号	符　号	名　　称	结 合 性	目　数
2	+	正号	从右到左	单目
	−	符号	从右到左	单目
	++	自增	从右到左	单目
	−−	自减	从右到左	单目
	~	按位非	从右到左	单目
	!	逻辑非	从右到左	单目
3	*	乘	从左到右	双目
	/	除	从左到右	双目
	%	取余	从左到右	双目
4	+	加	从左到右	双目
	−	减	从左到右	双目
5	<<	左移位运算符	从左到右	双目
	>>	带符号右移运算符	从左到右	双目
	>>>	无符号右移	从左到右	双目
6	<	小于	从左到右	双目
	<=	小于或等于	从左到右	双目
	>	大于	从左到右	双目
	>=	大于或等于	从左到右	双目
	instance of	确定某对象是否属于指定的类	从左到右	双目
7	==	等于	从左到右	双目
	! =	不等于	从左到右	双目
8	&	按位与	从左到右	双目
9	|	按位或	从左到右	双目
10	^	按位异或	从左到右	双目
11	&&	短路非	从左到右	双目
12	||	短路或	从左到右	双目
13	?:	条件运算符	从右到左	三目
14	=	赋值运算符	从右到左	双目
	+=	混合运算符	从右到左	双目
	−=			
	*=			
	/=			
	%=			
	&=			
	|=			
	^=			
	<<=			
	>>=			
	>>>=			

说明：单目运算符就是只需要一个操作数的运算符，如--、++；双目运算符就是需要两个操作数的运算符，如+、-、*、/、= 等；三目运算符需要三个操作数。

8. 表达式

表达式是由操作数和运算符按一定的语法形式组成的符号序列。一个常量或一个变量是最简单的表达式，其值即该常量或变量的值；表达式的值还可以用作其他运算的操作数，形成更复杂的表达式。

简单的表达式举例如下。

布尔型表达式：   x&&y||z;

整型表达式：   num1+num2;

例如，根据运算符优先级，下述条件语句分以下四步完成。

result=sum==0?1:num/sum;

第1步：result=sum==0?1:(num/sum)

第2步：result=(sum==0)?1:(num/sum)

第3步：result=((sum==0)?1:(num/sum))

第4步：result=

2.5   方 法

1. 方法的定义与调用

Java中，方法只能在类中定义，由方法头和方法体两部分组成，格式如下。

```
[修饰符] 返回值类型  方法名([形参列表])
{
    局部变量/对象声明部分;
    语句部分;
}
```

方法语法格式的详细说明如下。

1）修饰符：修饰符可以省略，也可以是public、protected、private、static、final、abstract。其中，public、protected、private三个最多只能出现其中之一；

abstract和final最多只能出现其中之一，它们可以与static组合起来修饰方法。

2）返回值类型：返回值类型可以是Java语言允许的任何数据类型，包括基本类型和引用类型；如果声明了返回值类型，则该方法体内必须有一个有效的return语句，该语句返回一个变量或一个表达式，这个变量或者表达式的类型必须与此处声明的类型匹配。除此之外，如果一个方法没有返回值，则必须使用void来声明没有返回值。

3）方法名：方法名的命名规则与属性命名规则基本相同，但通常建议方法名以英文中的动词开头。

4）形参列表：形参列表用于定义该方法可以接受的参数，形参列表由零组到多组"参数类型形参名"组合而成，多组参数之间以英文逗号(,)隔开，形参类型和形参名之间以英文空格隔开。一旦在定义方法时指定了形参列表，则调用该方法时必须传入对应的参数值——谁调用方法，谁负责为形参赋值。

5）Java程序的入口main就是一个方法，参数为String[] args，它是个特殊的方法。

方法体中多条可执行性语句之间有严格的执行顺序，排在方法体前面的语句总是先执行，排在方法体后面的语句总是后执行。

例如：定义计算平方值的方法如下。

```
static int square(int x)
    {   int s;
        s=x*x;
        return s;
    }
```

int是方法返回值类型，square是方法的名字，x是方法的形式参数，s是方法体内的局部变量。

方法的参数是外界在执行方法的时候提供给方法的特殊描述信息。例如上例中需要计算平方值，则需要将边长的值提供给方法，即参数x的值。

（1）形参与实参　方法头定义时所带的参数称为形参，规定了方法的输入数据；调用时所带的参数称为实参。带多个参数时，要指明各参数的类型，并用逗号把各参数分隔开来。

（2）返回值　方法的返回值是方法的输出数据。定义方法头时，通过定义返回值类型说明该方法的输出数据类型，用return语句返回确定数值。

方法无返回值时，返回值类型应为void。

格式：return 表达式；

（3）构造方法　构造方法是一个特殊的方法，定义构造方法的语法格式与定义方法的语法格式很像，语法格式如下。

```
[修饰符] 构造方法名 (形参列表)
{
    //由零条到多条可执行性语句组成的构造方法执行体
}
```

1）修饰符：修饰符可以省略，也可以是public、protected、private其中之一。

2）构造方法名：构造方法名必须和类名相同。

3）形参列表：和定义方法形参列表的格式完全相同。

值得指出的是，构造方法不能定义返回值类型，也不能使用void定义，构造方法没有返回值。如果为构造方法定义了返回值类型，或使用void定义构造方法没有返回值，编译时不会出错，但Java会把这个所谓的构造方法当成方法来处理。

（4）方法的使用

1）程序调用方法。大部分用户自定义的方法都属于程序调用方法。调用命令通过被调用方法的名称来说明要使用哪个自定义的方法，完成"形实结合"，为被调用方法的各形参赋初值。

例如：x=isPrime(i)；

当有多个同名方法时，根据参数列表来区分。

2）系统调用方法。其最大特点是方法定义后，系统会在程序运行过程中自动去调用此方法才完成它所定义的任务。

例如：init()；

调用方法的语句通过使用方法名和实际参数列表来通知系统它要调用哪个方法，方法名相同的方法其参数列表一定不同。实际参数列表与形式参数列表必须有完全相同的参数数目、类型和顺序，也可以用数目、类型和顺序吻合的常量来代替实际参数列表。

2. 方法调用中的数据传递

执行方法调用语句时，或者方法被系统自动调用时，程序的流程将转移到被调用方法，实际参数的数值被传给形式参数作初值，流程从被调用方法的第一个语句开始执行。

（1）传递的参数为基本类型时

【例2.22】 当传递类型为基本类型时，传递的是该类型的值。

```java
public class Temp {
    // 方法add是把传入的参数进行+1，并显示其结果
    public void add(int i) {
        i = i + 1;
        System.out.println(i);
    }
}
```

```
// 程序的运行方法，即主入口方法
public static void main(String args[]) {
    // 基本类型的局部变量
    int length = 10;
    // 创建Temp类的对象实例，即Temp类的对象引用t
    Temp t = new Temp();
    // 打印原来的值
    System.out.println(length);
    // 调用方法作为参数时的值
    t.add(length);
    // 打印运行后的值
    System.out.println(length);
}
}
```

例2.22的编译运行结果如下。

```
10
11
10
```

分析：在参数为基本类型进行传递的时候，传递的是这个值的备份，不论在方法中怎么改变这个备份，都不是操作原来的数据，所以原来的值是不会改变的，因此形参值的变化不影响实参。

（2）传递的参数为对象引用类型时

【例2.23】 当传递的参数为对象引用类型时，也是利用传值的方式进行的。

```
public class Temp
{
    public static void main(String[] args)
    {
        //创建一个对象类型
        String s = new String（"Hello Java"）;
        //打印其值
        System.out.println（"before：" + s);
        //通过方法去改变其值
        changeString(s);
        //打印方法改变的值和原值
        System.out.println（"changeString：" + s);
        System.out.println（"after：" + s);
    }
    public static void changeString(String str)
    {
```

```
        str = new String("Hello ");
        str = str + "china!";
    }
}
```

例2.23的编译运行结果如下。

```
before : Hello Java
changeString : Hello Java
after : Hello Java
```

分析：当把对象引用s传递到一个方法后，str引用同一个字符串"Hello Java"，但这里传递对象引用后，又通过这个引用去创建了一个新的String类型的字符串，这两个字符串在内存中当然不是同一个，因此对于s来说，它的引用仍然不变。

【例2.24】 当传递的参数为对象引用类型时，改变对象的属性，并返回相应的改变。

```java
public class Temp {
    private void test(A a) {
        a.age = 20;
        System.out.println("test1方法中的age=" + a.age);
    }

    public static void main(String[] args) {
        Temp t = new Temp();
        A a = new A();
        a.age = 10;
        //方法调用前
        System.out.println("main方法中之前的age=" + a.age);
        t.test(a);
        //方法调用后，改变了对象的属性
        System.out.println("main方法中之后的age=" + a.age);
    }
}
class A {
    public int age = 0;
}
```

例2.24的编译运行结果如下。

```
main方法中之前的age=10
test1方法中的age=20
main方法中之后的age=20
```

分析：和上例不同的是，当把对象引用a传递到一个方法后，这个方法可以改变这个对象的age属性，并能返回相应的改变，但要注意这个对象引用a是永远不会改变的。

3. 变量的作用域

生命周期与作用域是两个不同的概念。生命周期是对象或变量生存的时段，作用域是对象或变量起作用的地方，即生命周期定义的是时间，作用域定义的是空间。

（1）变量的生命周期　生命周期是指从产生到消亡的过程。具体情况如下。

静态变量：类的静态变量在内存中只有一个，Java虚拟机在加载类的过程中为静态变量分配内存，静态变量位于方法区，被类的所有实例共享。静态变量可以直接通过类名被访问。静态变量的生命周期取决于类的生命周期，当加载类的时候，静态变量被创建并分配内存，当卸载类的时候，静态变量被销毁并撤销所占用的内存。

实例变量：类的每个实例都有相应的实例变量。每创建一个类的实例，Java虚拟机就会为实例变量分配一次内存。实例变量位于堆区中。实例变量的生命周期取决于实例的生命周期，当创建实例的时候，实例变量被创建并分配内存，当销毁实例的时候，实例变量被销毁所占内存。

局部变量：当Java虚拟机调用一个方法时，会为这个方法中的局部变量分配内存。当Java虚拟机结束调用一个方法时，会结束这个方法中局部变量的生命周期。

（2）对象的生命周期　对象会经过三个步骤：声明、创建和赋值。

对象的生命周期是指从构造方法创建对象，到对象不再被使用时（无引用），Java的垃圾收集器将"回收"该对象，即对象被清除的过程。

以下三种情况可以释放对象的引用，即Java会自动清除对象。

1）引用永久性地离开它的范围。通常是方法调用完毕，释放方法的变量、对象。例如：

```
void  fun(){
    Student stu = new Student();
}
```

调用方法时创建对象stu，调用结束后stu消失。

2）引用被赋值到其他对象上。

```
Student stu1 = new Student("Tom",18);
Student stu2 = new Student("Jack",19);
stu1 = stu2; // stu1原来引用的对象被释放
```

3）直接将引用赋值为空。

```
Student stu = new Student();
stu = null;  //stu原来引用的对象会被释放
```

（3）变量的作用域　变量的作用域指变量起作用的范围，说明变量在什么部分可以被访问；变量的作用域属于声明它的代码块，变量的最小作用域是包含它的一对{}之间。

1）在一个方法内部定义的变量，只在本方法范围内有效。形式参数也是局部变量。

```
 public static int  max(int a, int b, int c) {
        int m;
        ……    }            // a,b,c,m有效
 public static int  min(int x, int y, int z) {
        int n;
        ……    }            // x,y,z,n有效
 public static void main (String[] args) {
        int i ,j ,k ;
        ……    }            // i,j,k有效
```

2）不同方法中可以使用相同名称的变量，它们代表不同的对象，仍然只在本方法内有效，互不干扰。

```
public static int  max(int a, int b, int c){
        int m;
        ……    }            // a, b, c, m有效
 public static int  min(int a, int b, int c){
        int m;
        ……    }            // a, b, c, m有效
 public static void main (String[] args){
        int a ,b ,c ;
        ……    }            // a, b, c有效
```

3）在一个方法内部，可以在复合语句中定义变量，这些变量只在本复合语句中有效。

```
public static void main (String[] args)
{     int a, b;
     ……
     {  int  c;
         c= a+b ;
         ……
     }
      ……
}
```

4．方法的嵌套和递归调用

（1）嵌套调用　在解决较为复杂的问题时，使用方法调用的地方比较多。如果在一个方法的方法体中又调用了另外的方法，这就被称为方法的嵌套调用，也称方法的嵌套。

【例2.25】 求立方体的体积。

public class Temp

```
{        public static void main(String args[ ])
    {
        int i=5,j=6,k=7,v;
        v=vol(i,j,k);
        System.out.println("立方体的体积为："+v);
    }

    static int vol(int a,int b,int c)  //求体积的vol()方法
    {
        return(a*area(b,c));
    }

    static int area(int x,int y)  //求面积的area()方法
    {
        return(x*y);
    }
}
```

例2.25的编译运行结果如下。

立方体的体积为：210

分析：main()方法中，调用vol()方法求立方体的体积，转到vol()方法体中又调用了area()方法求面积。这种在调用一个方法vol()的方法体中又调用另外的一个方法area()的做法，就是方法的嵌套。

（2）递归调用　如果在一个方法的方法体中又调用它自身的方法嵌套称为方法的递归。

【例2.26】　采用递归算法求n!。

```
public class Temp
{
    static long  fac(int n)
    {
        if(n==1)
            return 1;
        else
            return  n*fac(n-1);
    }
    public static void main(String[] args)
    {
        int k;
        long f;
        k=5;
        f=fac(k);
```

```
        System.out.println(f);
    }
}
```

例2.26的编译运行结果如下。

```
120
```

分析：从程序设计的角度来说，递归调用必须解决两个问题，一是递归计算的公式，二是递归结束的条件。每一个要使用递归的方法解决的问题，都要先考虑好这两个方面。

【例2.27】 Fibonacci数列为1，1，2，3，5，8，13，21，34，55，…，则第n个Fibonacci数的递归描述为。

$$f(n)=\begin{cases} 1 & n=1,\ 2 \\ f(n-2)+f(n-1) & n>2 \end{cases}$$

```
public class Temp
{
    public static void main(String args[ ])
    {
        for(int i=1;i<=20;i++)
        {
            System.out.print(f(i)+"    ");
            if (i%10==0)
                System.out.println();
        }
    }

    static int f(int n)
    {
        if(n==1||n==2)
            return 1;
        else
            return (f(n-2)+f(n-1));
    }
}
```

例2.27的编译运行结果如下。

```
1 1 2 3 5 8 13 21 34 55
89 144 233 377 610 987 1597 2584 4181 6765
```

分析：本例介绍的递归描述中就包含了要考虑的两个方面。

递归计算公式：f(n)=f(n-2)+f(n-1)

递归结束条件：f(1)=1,f(2)=1

2.6 Java编码规范

编写Java程序是要按照Java编码规范来进行编写的。一个程序不按照编码规范可能也是能够运行的，但是不按照编码规范编写的程序不是一个高质量的程序，这种程序不易于程序的查看和维护。

编码规范包括很多内容，如代码的编写规则、命名规则、代码注释等。

1. 代码编写规则

代码必须有缩进，缩进可以使用<Tab>键，或者4个空格。因为4个空格在Eeclipse中默认作为一个Tab缩进单位。

每行代码不要超过80个字符，这是由于很多编写工具不能对超过80个字符的内容进行很好的解释。

当代码在一行中放不下时，应进行换行。但是换行不能使用自动换行，而是要按照级别来进行换行，并且同级别对齐。

2. 代码注释

（1）行注释　所谓行注释就是一整行的注释信息，单行注释也是最常用的，行注释使用//的注释方法来注释需要表明的内容，并且把注释的内容放在需要注释的代码的前面一行或同一行。

【例2.28】 行注释。

```
public class Temp {
    // 这是Java程序的入口方法
    public static void main(String args[]) {
        System.out.println（"欢迎学习Java程序设计！"）;
    }
}
```

（2）块注释　使用/*和*/注释的方法来注释需要表明的内容，并且把注释的内容放在需要注释的代码的前面，举例如下。

```
/*
@param name
```

```
@author Arthur
*/
```

（3）文档注释　　注释文档将用来生成HTML格式的代码报告，所以注释文档必须书写在类、域、构造函数、方法、定义之前。注释文档由两部分组成——描述、块标记。

一般有三种类型的注释文档，它们对应于位于注释后面的元素，即类、变量或者方法。也就是说，一个类注释正好位于一个类定义之前；变量注释正好位于变量定义之前；而一个方法注释正好位于一个方法定义的前面。如下面这个简单的例子所示。

```
/**一个类注释 */
public class docTest {
/**一个变量注释 */
public int i;
/**一个方法注释 */
public void f() {}
}
```

【例2.29】 文档注释。

```
/**
* method 方法的简述
* <p>method 方法的详细说明第一行<br>
* method方法的详细说明第二行
* @param b true 表示显示，false 表示隐藏
* @return 没有返回值
*/
public void method(boolean b)
{
}
```

第一部分是简述。文档中，对于属性和方法都是先有一个列表，然后才在后面一个一个详细地说明。简述部分写在一段文档注释的最前面，第一个点号（.）之前（包括点号）。换句话说，就是用第一个点号分隔文档注释，之前是简述，之后是第二部分和第三部分。

第二部分是详细说明部分。该部分对属性或者方法进行详细的说明，在格式上没有什么特殊的要求，可以包含若干个点号。

```
* show 方法的简述.
* <p>show 方法的详细说明第一行<br>
* show 方法的详细说明第二行
```
第三部分是特殊说明部分。这部分包括版本说明、参数说明、返回值说明等。
```
* @param b true 表示显示，false 表示隐藏
* @return 没有返回值
```

2.7　案例拓展

1. 案例展现

实现单击"采集"按钮，界面上显示光照的实际物理量值；并判断光照是否大于文本输入框的给定值，是则显示"光照太强"，否则显示"光照太弱"。 运行效果如图2-3和图2-4所示。

图2-3　Case2_2光照太弱运行效果　　　　图2-4　Case2_2光照太强运行效果

2. 代码开发实现

【任务分析】

1）创建一个空白安卓程序。

2）把动态库复制到项目中。

3）编写UI布局XML文件，自行设计合适的UI界面。

①LinearLayout布局的使用。

②标签嵌套。

4）编写后台代码，实现程序功能。

①使用动态库采集光照强度。

②按钮单击事件的监控、处理。

③使用DecimalFormat类格式化浮点型数据。

④Stirng转换到Double

【操作步骤】

1）新建安卓项目，把素材文件"第2章\Case2_2\libs"文件夹下提供的实训设备操作类库文件复制到libs，如图2-5所示。

图2-5　复制类库文件

2）编写activity_main.xml界面代码。

3）打开MainActivity.java，编辑后台代码。

```
public class MainActivity extends Activity {

    //声明四个TextView、一个EditText和一个Button
    private TextView mTvLight,mTvState;
    private EditText mEtSetLight;
    private Button mBtnGether;
    //声明刚导入libs的NewlandLibrary中的NewlandLibraryHelper类
    private NewlandLibraryHelper mLibrary;
    @Override
    protected void onCreate(Bundle savedInstanceState) {
        super.onCreate(savedInstanceState);
        setContentView(R.layout.activity_main);
        /*
         * 使用findViewById方法
         * 根据id找到布局文件activity_main.xml中的一个EditText、四个TextView和一个Button
         * 并强制转化为EditText和TextView
         */
        mBtnGether = (Button)findViewById(R.id.btnGether);
        mTvLight = (TextView)findViewById(R.id.tvLight);
        mTvState = (TextView)findViewById(R.id.tvState);
        mEtSetLight = (EditText)findViewById(R.id.etSetLight);

        //实例化NewlandLibraryHelper类，将本文的上下文传入即this
```

```
            //并且调用createProvider方法创建提供者
                mLibrary = new NewlandLibraryHelper(this);
                mLibrary.createProvider();
                //设置采集按钮的单击监听事件
            mBtnGether.setOnClickListener(new OnClickListener() {
                @SuppressLint("NewApi")
                @Override
                public void onClick(View v) {
                    //设置3个文本框的值
                    mTvLight.setText("光照值: "+format(mLibrary.getmLightdata())+"lx");
                    //获取临界值判断是否实际光照大于临界值，如果大于则设置文本"光照太强"否则
                        设置文本"光照太弱"
                    String setLight = mEtSetLight.getText().toString();
                    if(setLight.isEmpty())return;
                    if(Double.valueOf(setLight)<mLibrary.getmLightdata()){
                        mTvState.setText("光照太强");
                    }else{
                        mTvState.setText("光照太弱");
                    }
                }
            });
        }
        @Override
        protected void onDestroy() {
            // TODO Auto-generated method stub
            super.onDestroy();
            mLibrary.closeUert();
        }

        /**
         * 保留小数点后两位
         * @param data 需要保留的双精度数据
         * @return
         */
        public String format(double data){
            DecimalFormat df = new DecimalFormat("0.00");
            return df.format(data);
        }
    }
```

4）部署应用程序，将ADAM-4150数字量采集器串口线连接到开发箱COM2口，启动应用程序。

本章小结

本章首先介绍了Java数据类型的分类、取值范围以及变量的生命周期等。内存是宝贵的有限资源，合理有效地利用内存是提高程序运行性能的一个关键因素。因此，在编写程序时，Java开发人员要为变量确定合理的数据类型和生命周期，总的原则是在保证该变量能正常行使使命的前提下，使它在内存中占用尽可能小的空间和尽可能少的时间。

本章还介绍了Java语言中各种操作符的用法，要掌握各种操作符的用法，需要了解以下内容：

1）操作符的优先级。

2）操作符的结合性。

3）运算过程。

4）操作数的类型。

5）返回类型。

6）类型的自动转换和强制转换。

① 自动类型转换。

● 如果一个操作数为double型，则整个表达式可提升为double型。

● 满足自动类型转换的条件：a.两种类型要兼容；b.目标类型大于源类型。

② 强制类型转换。

● 在值的前面加类型。

③ 包装类过渡类型转换。

● 直接将简单类型的变量表示为一个类。

八个包装类分别是boolean、character、integer、long、float、double、byte和short。

String和Date本身就是类，不存在包装类的概念。

④ 字符串类型与其他数据类型的转换，通过toString()的方法。

大部分操作符只能操作基本类型，个别操作符（如instanceof、=、==和!=）能操作引用类型。有些操作符具有多种用途，如"+"，既能作为数学加法操作符，也能作为字符串连接操作符。对于不同的操作数，"+"有着不同的用途，例如：

```
char c=' a' ;
int i=10;
String s=" Hello" ;
c=c+i;                    //编译错误，"+"为加法操作符，返回类型为int,不能直接赋给char型变量
i=c+i;                    //合法,"+"为加法操作符
s=s+i;                    //合法，"+"为字符串连接操作符
i=s+i;                    //编译错误，"+"为字符串连接操作符，不能赋给int型变量
c=s+c;                    //编译错误，"+"为字符串连接操作符，不能赋给char型变量
```

开发人员应该根据操作符的优先级，来创建包含多个操作符的复杂表达式。

本章在最后介绍了方法名称与类名及变量名一样，具有严格的命名规则：

1）变量名必须以字母、"–"或"$"符号开头，但不推荐使用"$"符号。

2）变量名可以包含数字，但不能以数字开头。

3）方法名首字母小写。

4）方法名一般为动词，如果由两个以上的单词组成，第一个单词首字母小写，其他的单词首字母大写。

方法具有返回类型，如int、string则必须使用return返回值。

习题

1. 问答题

1）假设int a=1和double d=1.0，并且每个表达式都是独立的，那么下面表达式的结果是什么？

```
a=46/9;
a=46%9+4*4-2;
a=45+43%5*(23*3%2);
a%=3/a+3;
d=4+d*d+4;
d+=1.5*3+(++a);
d-=1.5*3+a++;
```

2）25/4的结果是什么？如果希望得到的结果是浮点数，那么应该怎样改写这个表达式？

3）下列语句正确吗？如果正确，写出其输出值。

```
System.out.println("25/4 =" +25/4);
```

```
System.out.println("25/4.0 =" +25/4.0);
System.out.println("3*2/4 =" +3*2/4);
System.out.println("3.0*2/4 =" +3.0*2/4);
```

4）使用打印语句求出"1""A""B""a""b"的ASCII码；使用打印语句求出ASCII码为十进制数40、59、79、85、90的字符；使用打印语句求出ASCII码为十六进制数40、5A、71、72、7A的字符。

5）如何将字符串转换为整数？如何将字符串转换为double型？

6）（将英尺转换为米）编写程序，读入英尺数，将其转换为米数并显示结果（1ft=0.305m）。

7）（求一个整数各位的和）编写程序，读取一个0～1000的整数，并将该整数的各位数字相加。例如，整数932，各位数字之和为14。提示：利用运算符%分解数字，然后使用运算符/去掉分解出来的数字。例如，932%10=2，932/10=93。

2．程序阅读题

阅读程序，写出程序的运行结果。

```java
public class Employee {
    public String name=null;
    public Employee(String n){
        this.name=n;
    }
    //将两个Employee对象交换
    public static void swap(Employee e1,Employee e2){
        Employee temp=e1;
        e1=e2;
        e2=temp;
        System.out.println(e1.name+"   "+e2.name);
    }
    public static void main(String[] args) {
        Employee worker=new Employee("张三");
        Employee manager=new Employee("李四");
        swap(worker,manager);
        System.out.println(worker.name+"   "+manager.name);
    }
}
```

3．实践操作题

在本章案例的基础上，实现单击界面上"人体检测"按钮，界面显示出是否有人的提示信息，并统计是第几次单击该按钮。

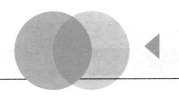

Chapter 3

第③章

四输入模块数据采集——流程控制结构

实现单击界面上的"开始采集"按钮，"开始采集"按钮文本提示符号为"停止采集"，界面分别显示光照、温度、湿度的实际物理量值，并判断温度是否大于文本输入的给定温度值，是则1#风扇开，否则显示1#风扇关。

要求该界面能够根据温度的值范围，给出注意天气舒适度的提示（大于30℃为炎热，22~30℃为稍热，14~22℃为舒适，8~14℃为寒冷，小于8℃为寒冻）。

再次单击该"停止采集"按钮，按钮文本重新显示为"开始采集"。界面上的对应参数保持不变，案例运行界面如图3-1所示。

Case3_1		▼ ⊿ ▊ 3:53

| 温度值：25.75℃ | 湿度值：58.20% | 光照值：0.00lx |

温度值临界值(℃)： 23.5

停止采集

舒适度：稍热

3.2 条件控制语句

程序控制结构一般分为三种，即顺序结构、选择结构（也叫分支结构）和循环结构（也叫重复结构）。只能按照语句的书写顺序依次执行，称为顺序结构，这是最简单的程序结构。而实际上，在很多情况下，需要根据某个条件是否满足来决定是否执行指定的操作任务，或者从给定的两种或多种操作中选择其一，这就是选择结构。在另外一些情况下，又需要在满足一定条件的时候重复执行同样的操作若干次，这就是循环结构。

1．if语句

（1）单分支选择结构　　在实际生活中，经常会需要做一些逻辑判断，并根据逻辑判断的结果做出选择，当判断条件满足的时候执行该项操作，当条件不满足的时候，则不执行该操作，而执行该操作后边的操作，这叫单分支选择结构。比如登录一个系统的时候，需要判断输入的用户名和密码是否正确，只有正确才允许进入这个系统。单分支选择结构可以根据指定表达式的当前值，选择是否执行指定的操作，如图3-2所示。单分支语句由简单的if语句组成，该语句的一般形式如下。

```
if(条件表达式)
    语句
```

或者

```
if(条件表达式){
    语句块
}
```

if语句执行的过程如下。

1）对if后面括号里的条件表达式进行判断。

2）如果条件表达式的值为true，则执行表达式后面的语句或后面大括号里的多条语句。

3）如果条件表达式的值为false，则跳过if语句，执行下一条语句。

需要注意的是，在条件表达式的右括号后面，如果只有一条执行语句的话，那么可以跟一对大括号，也可以不跟大括号。如果有多条语句需要一起执行，则必须用大括号把多条语句括起来，形成语句块。建议不论条件成立时后面要执行多少条语句，均用大括号括起来。

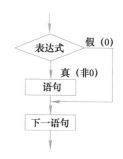

图3-2　单分支选择结构

【说明】① if是Java语言的关键字，表示if语句的开始。

② if后边表达式必须为合法的逻辑表达式，即表达式的值必须是一个布尔值，不能用数值代替。

③ 在表达式为真时执行子句的操作。子句可由一条或多条语句组成，如果子句由一条以上的语句组成，则必须用花括号把这一组语句括起来。

【例3.1】 输入一个数，求其平方根。

解题思路：这是一个简单的单分支结构，实现对输入非负数进行求平方根的操作。

代码：程序Java3_1.java。

```java
import java.io.BufferedReader;
import java.io.IOException;
import java.io.InputStreamReader;
public class Java3_1
{
    public static void main(String[] args) throws IOException
    {
        // TODO Auto-generated method stub
        int x;
        double y;
        String str="";
        BufferedReader bufferedReader
        bufferedReader=new BufferedReader(new InputStreamReader(System.in));
        System.out.println("请输入一个数");
        str=bufferedReader.readLine();
        x=Integer.parseInt(str);
        if(x>=0)
        {
            y=Math.sqrt(x);
            System.out.println(x+"的平方根是:"+y);
        }
    }
}
```

运行结果如下。

```
请输入一个数
36
36的平方根是:6.0
```

说明：当输入-36时，没有运行结果。

程序的前3行是import语句，引入java.io包中的相关类，Java语言中处理输入输出的类都是在该包中。由于程序中使用缓冲字符输入流类（BufferedReader）和字符输入流类

（InputStreamReader），因此必须使用import语句引入它们。

程序中声明和创建缓冲字符输入流类的具体对象bufferedReader。创建类对象实例化通过以下方式实现。

```
类名对象名；
对象名=new 构造函数(参数);
BufferedReader bufferedReader;
bufferedReader=new BufferedReader(new InputStreamReader(System.in));
```

缓冲字符输入流类的构造函数的参数是定义字符输入流类的一个具体对象System. in，System. in表示从键盘输入。通过这种方式把键盘输入的字符串读入到缓冲区。程序中调用BufferedReader类的方法readLine()读取缓冲区中的一行字符串，读取的字符串赋给字符串变量str。由于readLine()会抛出异常处理（IOException），程序中在main()方法的头部加入了throws IOException，表示main()方法把IOException异常抛出，交给JVM处理，因此也必须使用import语句引入它。

程序中Integer. parseInt (str)的作用是把数字字符串转换成整型数据，因此Java从命令行输入的数据都当作字符串，必须把它转换成整型数据后才能赋值给整型变量。

在程序中if后面的花括号不能省，如果没有花括号，则系统默认if后面的第一条语句是if的内部语句。例如，在有花括号时如输入负数则没有结果显示，去掉if语句中的花括号程序也能运行并有结果输出，但输出的结果不正确。

程序中Math. sqrt (x)用的是数学类的求平方根方法sqrt，其返回的类型为double，所以y定义为double类型。

（2）双分支选择结构　　双分支选择结构可以根据指定表达式的当前值来选择执行两个程序分支中的一个分支。包含else的if语句可以组成双分支选择结构，该语句的一般形式如下。

```
if(表达式)
    语句1；
else
    语句2；
```

或者

```
if(表达式)
    {
    语句块1
    }
else
    {
    语句块2
    }
```

其语义是：如果表达式的值为真，则执行语句1，否则执行语句2。

其过程可表示为如图3-3所示。

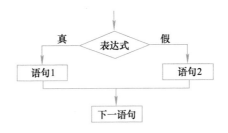

图3-3 双分支选择结构

【例3.2】 输入一个数，求其平方根。

解题思路：本题在例3.1的基础上将单分支选择结构转换成一个双分支结构，实现对输入非负数进行求平方根，对负数给出一个错误提示的操作。

代码：程序Java3_2.java。

```java
public class Java3_2
{
public static void main(String[] args) throws IOException
{
    int x;
    double y;
    String str="";
    BufferedReader bufferedReader;
    bufferedReader=new BufferedReader(new InputStreamReader(System.in));
    System.out.println("请输入一个数");
    str=bufferedReader.readLine();
    x=Integer.parseInt(str);
    if(x>=0)
    {
        y=Math.sqrt(x);
        System.out.println(x+"的平方根是:"+y);
    }
    else
    {
        System.out.println("输入错误");
    }
}
}
```

运行结果如下。

请输入一个数
-36
输入错误

（3）多分支选择结构

1）当if语句中的执行语句又是if语句时，则构成了if 语句嵌套的情形，又叫作多分支选择结构，一般形式如下。

```
if(表达式)
    if语句；
```

或者

```
if(表达式)
        if语句；
    else
    if语句；
```

2）在嵌套内的if语句可能又是if-else型的，这将会出现多个if和多个else重叠的情况，这时要特别注意if和else的配对问题。

例如：

```
if(表达式1)
    if(表达式2)
        语句1；
    else
        语句2；
```

其中的else究竟是与哪一个if配对呢？

说明：Java语言规定，if语句嵌套时，else子句与if的匹配原则为与在它上面、距它最近且尚未匹配的if配对。

【例3.3】 比较两个数的大小关系。

代码：程序Java3_3.java。

```java
public class Java3_3
{
public static void main(String[] args) throws IOException
{
    String str1="",str2="";
    int a,b;
    BufferedReader bufferedReader;
    bufferedReader=new BufferedReader(new InputStreamReader(System.in));
```

```
System.out.println("请输入两个数:");
str1=bufferedReader.readLine();
str2=bufferedReader.readLine();
a=Integer.parseInt(str1);
b=Integer.parseInt(str2);
if(a!=b)
    if(a>b)
        System.out.println("a>b");
    else
        System.out.println("a<b");
  else {
    System.out.println("a=b");
  }
}
}
```

运行结果如下。

```
请输入两个数:
5
9
a<b
```

说明：本例中用了if语句的嵌套结构。采用嵌套结构实质上是为了进行多分支选择，本例中实际上有三种选择，即a>b、a<b或a=b。这种问题用if-else-if语句也可以完成，而且程序更加清晰。因此，在一般情况下较少使用if语句的嵌套结构，以使程序更便于阅读理解。

3）嵌套的if语句结构中，比较常用到的结构形式是if-else-if结构。使用if-else-if形式，结构更加清晰易懂，一般形式如下。

```
if(表达式1)
语句1；
else  if(表达式2)
语句2；
else  if(表达式3)
语句3；
……
else  if(表达式m)
语句m；
else
语句n；
```

其语义是：依次判断表达式的值，当出现某个值为真时，则执行其对应的语句，然后跳到整个if语句之外继续执行程序；如果所有的表达式均为假，则执行语句n，然后继续执行后续程序。

【例3.4】 判别从键盘输入的整数是正整数、负整数或者是零。

解题思路：本题要求判别键盘输入整数是正整数、负整数或者是零。这是一个多分支选择的问题。

代码：程序Java3_4.java。

```
public class Java3_4
{
public static void main(String[] args) throws IOException
{
    String str="";
    int a;
    BufferedReader bufferedReader;
    bufferedReader=new BufferedReader(new InputStreamReader(System.in));
    System.out.println("请输入一个数:");
    str=bufferedReader.readLine();
    a=Integer.parseInt(str);
    if(a<0)
        System.out.println("This is a negative number\n");
    else if(a>0)
        System.out.println("This is positive number\n");
    else
        System.out.println("This is zero\n");
}
}
```

运行结果如下。

```
请输入一个数:
-5
This is a negative number
```

（4）条件运算符　　Java语言另外还提供了一个特殊的运算符——条件运算符，由此构成的表达式也可以形成简单的选择结构，这种选择结构能以表达式的形式内嵌在允许出现表达式的地方，使得可以根据不同的条件使用不同的数据参与运算。

条件运算符为"?"和"："，它是一个三目运算符，即有三个参与运算的量。

由条件运算符组成的式子称为条件表达式，一般形式如下。

表达式1? 表达式2：表达式3;

其求值规则为：如果表达式1的值为真，则以表达式2的值作为条件表达式的值，否则以表达式3的值作为整个条件表达式的值。

条件表达式通常用于赋值语句之中，并且条件运算符可以用if语句来实现。

例如条件语句：

```
if(a>b)
     max=a；
else
     max=b；
```

可用条件表达式写：

```
max=(a>b)?a：b；
```

执行该语句的语义是：如a>b为真，则把a赋予max，否则把b赋予max。

【说明】① 条件运算符的运算优先级低于关系运算符和算术运算符，但高于赋值符。因此max=(a>b)?a:b可以去掉括号而写为 max=a>b?a:b。

② 条件运算符"?"和"："是一对运算符，不能分开单独使用。

③ 条件运算符为右运算符，它的结合方向是自右至左。

【例3.5】 用条件表达式重新编程，输出两个数中的大数。

代码：程序Java3_5.java。

```
public class Java3_5
{
public static void main(String[] args) throws IOException
{
     String str1="",str2="";
     int a,b,max;
     BufferedReader bufferedReader;
     bufferedReader=new BufferedReader(new InputStreamReader(System.in));
     System.out.println("请输入两个数:");
     str1=bufferedReader.readLine();
     str2=bufferedReader.readLine();
     a=Integer.parseInt(str1);
     b=Integer.parseInt(str2);
     max=a>b?a:b;
     System.out.println("较大数为:"+max);
}
}
```

运行结果如下。

```
请输入两个数:
5
9
较大数为:9
```

说明：比较本例与例3.4的区别，本例没有使用if语句，也完成了选择功能。

2. switch语句

Java语言还提供了另一种用于多分支选择的switch语句，一般形式如下。

```
switch(表达式)
{
        case常量表达式1：语句1；
        case常量表达式2：语句2；
……

        case常量表达式n：语句n；
        default        ：语句n+1；
}
```

其语义是：计算表达式的值，并逐个与其后的常量表达式的值相比较，当表达式的值与某个常量表达式的值相等时，即执行其后的语句，然后不再进行判断，继续执行后面所有case后的语句。如果表达式的值与所有case后的常量表达式均不相同时，则执行default后的语句。

当程序分支较多时，用嵌套的if语句层数太多时，程序冗长且可读性降低，使用switch语句可直接处理分支选择。

在使用switch语句时要注意以下几点。

1）表达式的值必须是整型或者字符型数据，并且要与各个语句中case之后的常量值类型相同。

2）一个switch语句中，可以有任意多个case语句，但是每个case之后的常量值不能相同。case语句中的子语句体可以是一条或者多条任意Java语句。

3）一般情况下，每个case语句的最后是break语句，用来从整个switch语句中跳出，继续执行switch语句下面的语句。如果没有使用break语句，则继续执行下面的case语句中的子语句体，直到遇到break语句，或者整个switch语句结束。

4）当所有case语句中的常量值都与表达式的值不相同时，则执行default语句中的子语句体，如果没有default语句，则不执行任何内容。

【例3.6】 成绩等级查询：在进行评定时通常会将成绩分为几个等级，0～59分为不合格，60～79分为及格，80～89分为良好，90～100为优秀。输入一个成绩，给出对应的等级。

解题思路：这是一个多分支选择问题，根据百分制分数将学生成绩分为4个等级，如果用if语句来处理至少需要3层嵌套的if，进行3次检查判断。若用switch语句，进行一次检查即可得到结果。

代码：程序Java3_6.java。

```java
public class Java3_6
{
public static void main(String[] args) throws IOException
{
    int num;
    String str="";
    System.out.println("成绩等级查询");
    System.out.println("请输入成绩：");
    BufferedReader bufferedReader;
    bufferedReader=new BufferedReader(new InputStreamReader(System.in));
    str=bufferedReader.readLine();
    num=Integer.parseInt(str);
    num=num/10;
    switch(num)
    {
    case 10:
    case 9: System.out.println("等级为优秀！\n");break;
    case 8: System.out.println("等级为良好！\n");break;
    case 7:
    case 6: System.out.println("等级为合格。\n");break;
    default:System.out.println("等级为不合格。\n");break;
    }
}
}
```

运行结果如下。

```
成绩等级查询
请输入成绩：
76
等级为合格。
```

说明：if语句的表达式必须是逻辑表达式，其值是布尔类型；switch语句的表达式必须是整型或字符型，其值是整型或字符型。

3.3　循环控制语句

循环控制结构是在满足一定条件的时候，需要反复执行某段程序的流程结构。它是由循环语句来实现的，被反复执行的语句被称为循环体。Java语言提供3种循环语句来实现循环结构，以简化并规范循环结构程序设计，分别是while语句、do-while语句和for语句。

1. while语句

while循环通过while语句实现。while循环又称为"当型"循环，一般格式如下。

```
while (表达式)
{
循环体
}
```

其中，括号里的表达式为循环条件。表达式的值必须是布尔类型的，可以是布尔类型的常量或者变量、关系表达式或者逻辑表达式。

循环体可以是一条或者多条语句，当是多条语句时，要用花括号括起。

如果在程序执行过程中，while语句中表达式的值始终为true，则循环体会被无数次执行，进入到无休止的"死循环"状态中。这种情况在编写程序时一定要避免。

如果在第一次执行while语句时，表示式的值为false，则不执行循环体，直接执行while语句下面的语句。

while语句的执行过程如下。

1）计算并判断表达式的值。

2）若值为0，则结束循环，退出while语句；若值为非0，则执行循环体。

3）转步骤1）。

while循环语句的特点是：先判断循环条件，然后再执行循环体。

其执行过程如图3-4所示。

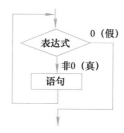

图3-4　while循环执行过程

【例3.7】　用while语句计算s=1+2+3+…+100。

代码：程序Java3_7.java。

```
public static void main(String[] args)
```

```
{
    int i=1, sum=0;
    while(i<=100)
    {
    sum=sum+i;
    i=i+1;
    }
    System.out.println(sum);
}
```

运行结果如下。

```
5050
```

2. do-while语句

do-while语句与while语句很相似。它是先执行循环体，然后再判断的循环语句，do-while循环是通过do-while语句来实现，又称为"直到型"循环，一般形式如下。

```
do
{
语句
} while(表达式);
```

其中，括号里的表达式为循环条件。

括号后面的语句可以是一条语句，也可以是多条语句，称为循环体。

do-while语句的执行过程如下。

1）执行循环体语句或语句组。

2）计算"循环继续条件"表达式。如果"循环继续条件"表达式的值为非0（真），则转向步骤1）继续执行；否则，转向步骤3）。

3）执行do-while的下一条语句。

do-while循环语句的特点是：先执行循环体语句组，然后再判断循环条件。

其执行过程如图3-5所示。

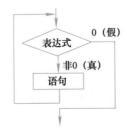

图3-5　do-while循环执行过程

【例3.8】 用do-while语句计算s=1+2+3+…+100。

代码：程序Java3_8.java。

```
public class Java3_8
{
public static void main(String[] args)
{
    int i=1, sum=0;
    do
    {
        sum += i;
        i++;
    }while(i<=100);
    System.out.println(sum);
}
}
```

运行结果同例3.7。

说明：do-while语句比较适用于处理不论条件是否成立，先执行一次循环体语句组的情况。

3. for语句

for循环语句是Java语言中最常用、功能最强、使用最灵活的循环语句。它将循环语句的初始化、循环变量的增量和结束循环的条件3个最重要的内容，合并到一条语句中，简化了程序，使程序更加易于理解，一般形式如下。

```
for(表达式1；表达式2；表达式3)
语句；
```

其中：

表达式1为初始化表达式，可用来设定循环控制变量或循环体中变量的初始值，可以是逗号表达式；

表达式2为循环条件表达式，其值为逻辑量，为非0时继续循环，为0时循环终止；

表达式3为增量表达式，用来对循环控制变量进行修正，也可用逗号表达式包含一些本来可放在循环体中执行的其他表达式。

上述表达式可以省略，但分号不可缺少。

括号后面的语句可以是一条语句，也可以是多条语句，为循环体。

for语句的执行过程如下。

1）计算表达式1。

2）计算表达式2，判断表达式2是否为"真"，若是"真"，执行循环体中的"语句"；若为"假"循环结束，跳转到for语句下面的一个语句继续执行。

3）计算表达式3。

4）跳转到第2）步执行。

其执行过程如图3-6所示。

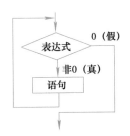

图3-6　for循环执行过程

【例3.9】　用for语句计算s=1+2+3+…+100。

代码：程序Java3_9.java。

```java
public class Java3_9
{
public static void main(String[] args)
{
    int i,sum=0;
    for(i=1; i<=100; i++)
    sum+= i;
    System.out.println(sum);
}
}
```

运行结果同例3.7。

4. 循环嵌套

如果要完成一件工作，有时需要进行重复的操作，并且某些操作本身又需要进行重复的操作，这些问题常常需要在循环语句中嵌套循环语句来解决。

【例3.10】　求1～1 000之间的所有完全数。

解题思路：完全数是等于其所有因子和的数。因子包括1但不包括其本身，如6=1×2×3，则1，2，3都为6的因子，并且6=1+2+3，所以6就是完全数。

首先设定变量i是1～1 000之间的任意数；其次让i被1到小于i中的所有数除，若i能被j（设变量j为从1取到i-1）整除，则让变量sum（因子和，设定初值为0）加j，并j=j+1，若不能则j=j+1；直到判定j等于i时，i不再被j除，表示此时的sum是变量i的所有因子的和，然后判定sum的值是否等于i的值，如相等则i是完全数。所以本例需要两层循环，外层循环判定i是不是完全数，内层循环用来求出i的因子和。

代码：程序Java3_10.java。

```
public class Java3_10
{
public static void main(String[] args)
{
    int i,j,sum;
    for(i=1;i<1000;i++)
    {
      sum=0;
      for(j=1;j<i;j++)
      {
        if(i%j==0)
        sum+=j;
      }
      if(sum==i)
        System.out.print(i+"\t");
    }
}
}
```

运行结果如下。

28   496

5. break/continue语句

（1）break语句　switch结构中用break语句跳出结构去执行switch语句的下一条语句。实际上，break语句也可以用来从循环体中跳出，终止最内层循环，即从包含它的最内层循环语句（while,do-while, for）中退出，执行包含它的循环语句的下面一条语句，也常常和if语句配合使用。

例如：

```
for（i=1;i<100;i++）
if（i>100）break;   /*当变量i>100时退出循环*/
```

break语句不能用于循环语句和switch语句之外的任何其他语句中。

【例3.11】 求3～100之间的所有素数。

解题思路：根据数学定义，一个大于2的整数n，如果除1和n外，不能被任何数整除（即n不含1和n以外的任何因子），则n是素数；此外，整数2不符合上述定义，但规定2是最小素数。为了确定n是否含有1和n以外的因子，只需用2~n（也可以用2~n-1）做除数除n。如果均不能整除，则n是素数；否则（只要发现一个因子）n不是素数。

代码：程序Java3_11.java。

```java
public class Java3_11
{
public static void main(String[] args)
{
    int i, j;
    for (i = 3; i <= 100; i++)
    {
        for (j = 2; j <= i – 1; j++)
            if (i % j == 0)
                break;
        if (i == j)
        {
            System.out.print(i+" ");
            count++;
            if(count%4==0)
                System.out.println();
        }
    }
}
}
```

运行结果如下。

```
3 5 7 11
13 17 19 23
29 31 37 41
43 47 53 59
61 67 71 73
79 83 89 97
```

（2）continue语句　与break语句退出循环不同的是，continue语句只结束本次循环，接着进行下一次循环的判断，如果满足循环条件，继续循环，否则退出循环。

continue语句的作用是跳过循环本中剩余的语句而强行执行下一次循环。continue语句只用在for、while、do-while等循环体中，常与if条件语句一起使用，用来加速循环。

【例3.12】　求1~100之间的不能被3整除的数。

代码：程序Java3_12.java。

```java
public class Java3_12
{
    public static void main(String[] args)
    {
        int n,count=0;
        for (n = 1; n <= 100; n++)
        {
            if (n % 3 == 0)
                continue;
            System.out.print(n+" ");
            count++;
            if(count%10==0)
                System.out.println();
        }
    }
}
```

运行结果如下。

```
1 2 4 5 7 8 10 11 13 14
16 17 19 20 22 23 25 26 28 29
31 32 34 35 37 38 40 41 43 44
46 47 49 50 52 53 55 56 58 59
61 62 64 65 67 68 70 71 73 74
76 77 79 80 82 83 85 86 88 89
91 92 94 95 97 98 100
```

6. return语句

return语句常用来结束方法的执行并返回到调用它的方法中，返回时可以带回返回值，也可以不带一般形式如下。

```
return [返回值];
```

当用void定义了一个返回值为空的方法时，方法体中不一定要有return语句，程序执行完，它自然返回。若要从程序中间某处返回，则可使用return语句。

若一个方法的返回类型不是void类型时，那么就用带表达式的return语句。表达式的类型应该同这个方法的返回类型一致或小于返回类型。

例如一个方法的返回类型是double类型时，return语句表达式的类型可以是double、float或者是short、int、byte、char等。

例如：

```
double exam(int x,double y,boolean b){
if(b)        return x;
else         return y;
}
```

3.4　　　　　　　案 例 实 现

1. 案例分析

1）创建一个空白安卓程序。

2）把动态库复制到项目中。

3）编写UI布局XML文件，自行设计合适的UI界面。

4）编写后台代码，实现程序功能如下。

① 字符串比对。

② Handler。

③ Runnable。

④ string转换为double，并保留两位小数点后两位。

⑤ 温度与临界值进行比对来控制风扇。

⑥ 通过一个标记来实现同一按钮单击触发不同的功能。

2. 操作步骤

1）新建安卓项目，把素材文件"第3章\Case3_1\libs"文件夹下提供的实训设备操作类库文件复制到libs，如图3-7所示。

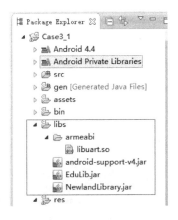

图3-7　复制文件

2）编写好activity_main.xml界面代码。

3）打开MainActivity.java，编辑后台代码，代码如下所示。

```java
public class MainActivity extends Activity {

//声明四个TextView、一个EditText和一个Button
private TextView mTvTemp,mTvHumi,mTvLight,mTvState;
    private EditText mEtSetTemp;
    private Button mBtnGether;

//用于判断开始和停止，true为开始，false 为停止
private boolean isGether=false;
//声明刚导入libs的NewlandLibrary中的NewlandLibraryHelper类
private NewlandLibraryHelper mLibrary;
@Override
protected void onCreate(Bundle savedInstanceState) {
    super.onCreate(savedInstanceState);
    setContentView(R.layout.activity_main);
    /*
    * 使用findViewById方法
    * 根据id找到布局文件activity_main.xml中的一个EditText、四个TextView和一个Button
    * 并强制转化为EditText和TextView
    */
    mBtnGether = (Button)findViewById(R.id.btnGether);
    mTvTemp = (TextView)findViewById(R.id.tvTemp);
    mTvHumi = (TextView)findViewById(R.id.tvHumi);
    mTvLight = (TextView)findViewById(R.id.tvLight);
    mTvState = (TextView)findViewById(R.id.tvState);
    mEtSetTemp = (EditText)findViewById(R.id.etSetTemp);

    //实例化NewlandLibraryHelper类，将本文的上下文传入this
    //并且调用createProvider方法创建提供者
        mLibrary = new NewlandLibraryHelper(this);
        mLibrary.createProvider();
        //设置采集按钮的单击监听事件
    mBtnGether.setOnClickListener(new OnClickListener() {
        @SuppressLint("NewApi")
        @Override
        public void onClick(View v) {
            if(mBtnGether.getText().toString().equals("开始采集")){//如果是开始采集
            isGether = true;
```

```
                    mBtnGether.setText("停止采集");
                    }else{
                    isGether = false;
                    mBtnGether.setText("开始采集");
                    }
                }
        });
        myHandler.postDelayed(myRunnable, ms);//1000ms后开启后台线程
}
int ms = 1000;//让线程1000ms运行一次
//Handler用于开启线程 Runnable
Handler myHandler = new Handler();
//Runnable 新的线程
Runnable myRunnable = new Runnable() {

    @SuppressLint("NewApi")
    @Override
    public void run() {
        myHandler.postDelayed(myRunnable, ms);
            if(isGether){//如果开始采集就开始设置值，否则不执行
                //设置3个文本框的值
                mTvHumi.setText("湿度值："+format(mLibrary.getmHumidata())+"%");
                mTvTemp.setText("温度值："+format(mLibrary.getmTempdata())+"° C");
                mTvLight.setText("光照值："+format(mLibrary.getmLightdata())+"lx");
                //获取临界值判断是否实际温度有没有大于临界值，如果大于则开风扇，否则关闭风扇
                String setTemp = mEtSetTemp.getText().toString();
                if(setTemp.isEmpty())return;//判断输入框是否为空
                double setTempD = Double.valueOf(setTemp);
                double nowTemp = mLibrary.getmTempdata();
                if(nowTemp>setTempD){
                    mLibrary.openLeftF();
                 }else{
                    mLibrary.closeLeftF();
                }
                //根据不同的数据设置不同的舒适度
                if(nowTemp>30){
                  mTvState.setText("舒适度："+"炎热");
                }
                if(nowTemp<30&&nowTemp>22){
                  mTvState.setText("舒适度："+"稍热");
                }
```

```
        if(nowTemp<22&&nowTemp>14){
            mTvState.setText("舒适度: "+"舒适");
        }
        if(nowTemp<14&&nowTemp>8){
            mTvState.setText("舒适度: "+"寒冷");
        }
        if(nowTemp<8){
            mTvState.setText("舒适度: "+"寒冻");
        }
        }
    }
};
/**
 * 保留小数点后两位
 * @param data 需要保留的双精度数据
 * @return
 */
public String format(double data){
    DecimalFormat df = new DecimalFormat("0.00");
    return df.format(data);
}
@Override
protected void onDestroy() {
    // TODO Auto-generated method stub
    super.onDestroy();
    mLibrary.closeUert();
}
}
}
```

4)部署应用程序,将ADAM-4150数字量采集器串口线连接到开发箱COM2口,启动应用程序,运行效果如图3-1所示。

3.5   案 例 拓 展

1. 案例描述

实现单击界面上"开始采集"按钮,"开始采集"按钮文本提示为"停止采集",界面分别显示光照的实际物理量值;判断光照是否大于文本输入的给定光照值,是则2#风扇开;否则显示2#风扇关;能够根据温度值的范围,给出注意光照强度的提示(大于10 000lx为刺眼,500~10 000lx为过亮,300~500lx为适中,小于300lx为太暗)。再次单击该"停止采集"按钮,按钮文本重新显示为"开始采集",光照值保持不变。

2. 案例分析

1)创建一个空白安卓程序。

2)把动态库复制到项目中。

3)编写UI布局XML文件,自行设计合适的UI界面。

4)编写后台代码,实现程序功能如下。

① 字符串比对。

② Handler。

③ Runnable。

④ string转换为double,并保留两位小数点后两位。

⑤ 温度与临界值进行比对来控制风扇。

⑥ 通过一个标记来实现同一按钮单击触发不同的功能。

3. 操作步骤

1)新建安卓项目,把素材文件"第3章\Case3_2\libs"文件夹下提供的实训设备操作
类库文件复制到libs,如图3-8所示。

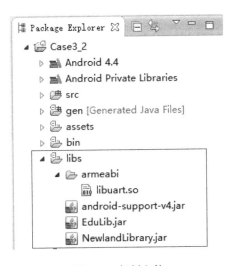

图3-8 复制文件

2)编写好activity_main.xml界面代码。

3)打开MainActivity.java,编辑后台代码,代码如下所示。

```java
/**
 * 注：请将ADAM-4150接入Android移动终端COM2口,四输入模块接入Android移动终端COM1口
 *     请将armeabi文件夹、EduLib.jar和NewlandLibrary.jar复制到项目libs文件夹下
 */
public class MainActivity extends Activity {

//声明四个TextView、一个EditText和一个Button
private TextView mTvLight,mTvState;
   private Button mBtnGether;

//用于判断开始和停止，true为开始，false 为停止
private boolean isGether=false;
//声明刚导入libs的NewlandLibrary中的NewlandLibraryHelper类
private NewlandLibraryHelper mLibrary;
@Override
protected void onCreate(Bundle savedInstanceState) {
    super.onCreate(savedInstanceState);
    setContentView(R.layout.activity_main);
    /*
     * 使用findViewById方法
     * 根据id找到布局文件activity_main.xml中的一个EditText、四个TextView和一个Button
     * 并强制转化为EditText和TextView
     */
    mBtnGether = (Button)findViewById(R.id.btnGether);
    mTvLight = (TextView)findViewById(R.id.tvLight);
    mTvState = (TextView)findViewById(R.id.tvState);

    //实例化NewlandLibraryHelper类，将本文的上下文传入this
    //并且调用createProvider方法创建提供者
    mLibrary = new NewlandLibraryHelper(this);
    mLibrary.createProvider();
    //设置采集按钮的单击监听事件
    mBtnGether.setOnClickListener(new OnClickListener() {
        @SuppressLint("NewApi")
        @Override
        public void onClick(View v) {
            if(mBtnGether.getText().toString().equals("开始采集")){//如果是开始采集
            isGether = true;
            mBtnGether.setText("停止采集");
```

```java
            }else{
                isGether = false;
                mBtnGether.setText("开始采集");
            }
        }
    });
    myHandler.postDelayed(myRunnable, ms);//1000ms后开启后台线程
}
int ms = 1000;//让线程1000ms运行一次
//Handler用于开启线程 Runnable
Handler myHandler = new Handler();
//Runnable 新的线程
Runnable myRunnable = new Runnable() {
    @Override
    public void run() {
        myHandler.postDelayed(myRunnable, ms);
            if(isGether){//如果开始采集就开始设置各值，否则不执行
                //设置文本框的值
                mTvLight.setText("光照值："+format(mLibrary.getmLightdata())+"lx");
                double nowTemp = mLibrary.getmLightdata();
                //根据不同的数据设置不同的舒适度
                if(nowTemp>10000){
                    mTvState.setText("光照强度："+"刺眼");
                }
                if(nowTemp<10000&&nowTemp>500){
                    mTvState.setText("光照强度："+"过亮");
                }
                if(nowTemp<500&&nowTemp>300){
                    mTvState.setText("光照强度："+"适中");
                }
                if(nowTemp<300){
                    mTvState.setText("光照强度："+"太暗");
                }
            }
        }
};
/**
 * 保留小数点后两位
 * @param data 需要保留的双精度数据
```

```
        * @return
        */
    public String format(double data){
        DecimalFormat df = new DecimalFormat("0.00");
        return df.format(data);
    }
    @Override
    protected void onDestroy() {
        // TODO Auto-generated method stub
        super.onDestroy();
        mLibrary.closeUert();
    }
}
```

4）部署应用程序，将ADAM-4150数字量采集器串口线连接到开发箱COM2口，启动应用程序，运行效果如图3-9所示。

图3-9　扩展案例运行结果

本章小结

　　Java语言中的程序流程控制语句有顺序结构、选择结构和循环结构三种。其中顺序结构最简单，程序依次执行各条语句。本章主要介绍了条件控制语句和循环控制语句。在程序设计时，经常需要使用在程序中完成逻辑判断和选择功能，这就需要使用选择语句。Java中的选择语句包括if语句、if-else语句和switch语句。选择语句用来控制选择结构，对选择条件进行判断，并根据判断结果选择要执行的程序语句，改变程序执行流程。if语句是只有一个选择的语句结构，所以又叫作单分支选择结构，可以根据指定表达式的当前值，选择是否执行指定的操作；if-else语句又称为双分支选择结构，可以根据指定表达式的当前值选择执行两个程序分支中的一个分支；if语句的嵌套又叫作多分支选择结构，即if-else-if语句，可以根据条件选择多个程序分支中的一个分支。当选择结构的分支越多时，if-else-if语句就会变得越来越难以看懂，因此Java提供了另一种多分支语句——switch语句。switch语句会从满足条件的第一个case子句开始执行其后的所有语句，而不再对其后的case进行判断，因此通常使用break语句中断switch语句的运行。

循环控制结构是Java语言中的三种程序流程控制之一，由循环控制语句实现。常用的循环控制语句有while、do-while和for语句。while和do-while语句通常用于循环次数未知的循环控制，while语句先判断条件，再执行循环体，如果判断条件不成立，则循环体一次也不被执行；而do-while语句先执行循环体，然后再判断循环条件是否仍然成立，如果成立则继续执行循环体，如果不成立则退出循环，所以循环体至少会被执行一次。for语句通常用于能够确定循环次数的循环控制，但凡是能用while语句实现的循环都能使用for语句实现。

本章的最后通过具体的实例讲解，练习了Java语言的程序流程控制语句。

习题

1. 选择题

1）假设a是int类型的变量，并初始化为1，则下列语句中（ ）是合法的条件语句。

    A. if(a) {}   B. if(a<<=3) {}   C. if(a=2) {}   D. if(true) {}

2）下列说法中，不正确的一个是（ ）。

    A. switch语句的功能可以由if-else-if语句来实现

    B. 若用于比较的数据类型为double型，则不可以用switch语句来实现

    C. if-else-if语句的执行效率总是比switch语句高

    D. case子句中可以有多个语句，并且不需要花括号括起来

3）设a、b为long型变量，x、y为float型变量，ch为char类型变量且它们均已被赋值，则下列语句中正确的是（ ）。

    A. switch(x+y) {}   B. switch(ch+1) {}

C. switch ch {}　　　　　　　　　　　D. switch(a+b)；{}

4）下列循环体执行的次数是（　　　）。

```
int y=2, x=4;
while(−−x != x/y){ }
```

A. 1　　　　　　B. 2　　　　　　C. 3　　　　　　D. 4

5）下列循环体执行的次数是（　　　）。

```
int x=10, y=30;
do{   y−=x;x++; }while(x++<y−−);
```

A. 1　　　　　　B. 2　　　　　　C. 3　　　　　　D. 4

6）已知如下代码：

```
switch(m){
        case 0: System.out.println("Condition 0");
        case 1: System.out.println("Condition 1");
        case 2: System.out.println("Condition 2");
        case 3: System.out.println("Condition 3");break;
        default:System.out.println("Other Condition");
    }
```

当m的值为（　　　）时，输出"Condition 3"。

A. 2　　　　　　　　　　　　　　　B. 0、1

C. 0、1、2　　　　　　　　　　　　D. 0、1、2、3

2．填空题

1）switch语句先计算switch后面_____的值，再和各_____语句后的值做比较。

2）if语句合法的条件值是_____类型。

3）continue语句必须使用于_____语句中。

4）break语句有两种用途：一种从_____语句的分支中跳出，一种是从_____语句内部跳出。

5）do-while循环首先执行一遍_____，而while循环首先判断_____的值。

6）每一个else子句都必须和它前面的一个距离它最近的_____子句相对应。

7）在switch语句中，完成一个case语句块后，若没有通过_____语句跳出switch语句，则会继续执行后面的_____语句块。

3．程序阅读题

写出下列程序的运行结果。

```
1）public class X3_1 {
public static void main(String[] args) {
    for(int i=0; i<10; i++){
        if(i==5) break;
    System.out.print(i);
    }
    }
}
```

```
2）public class X3_2 {
public static void main(String[] args) {
    int i=5, j=2;
    while(j<i−−) j++;
    System.out.print(j);
    }
}
```

```
3）public class X3_3 {
public static void main(String[] args) {
    int i=4;
    while(−−i>0){    }
    System.out.print(i);
    }
}
```

```
4）public class X3_4 {
public static void main(String[] args) {
    int j=0;
    for(int i=3; i>0; i−−){
        j += i;
        int x = 2;
        while(x<j){
        x += 1;
        System.out.print(x);
        }
    }
    }
}
```

```
5）public class X3_3_5 {
```

```java
public static void main(String[] args) {
    int i=8, j=2;
    while(j< --i)
        for(int k=0; k<4; k++) j++;
    System.out.print(j);
    }
}
6）public class X3_6 {
public static void main(String[] args) {
    int a=0, b=1;
    do{
        if(b%2==0)
            a += b;
        b++;
    }while(b <= 100);
    System.out.print(a);
    }
}
7）public class X3_7 {
public static void main(String[] args) {
    for(int i=1; i<=10; i++){
        if(i<=5) continue;
    System.out.print(i + " ");
    }
    }
}
8）public class X3_8 {
public static void main(String[] args) {
    char ch='7';
    int r=10;
    switch(ch+1){
        case '7': r += 7;
        case '8': r += 8;
        case '9': r += 9;
    default:
    }
    System.out.print(r);
    }
```

}

4.编写程序

1）利用if语句，根据下列函数编写一个程序，当键盘输入x值时，求出并输出y的值。

$$y=\begin{cases} x & (x\leq 1) \\ 3x-2 & (1<x<10) \\ 4x & (x\geq 10) \end{cases}$$

2）利用switch语句将学生成绩分级，当从键盘中输入学生成绩在90～100之间时，输出"优秀"，在80～89之间时输出"良好"，在70～79之间时输出"中等"，在60～69之间时输出"及格"，在0～59之间时输出"不及格"，在其他范围时输出"成绩输入有误！"

3）利用for循环，计算1+3+7+…+（220-1）的和。

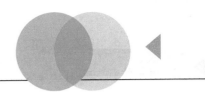

Chapter 4

第④章

四输入模块数据采集——数组与集合

4.1　　　　　　　案　例　展　现

1. 案例概述

创建一安卓应用程序，实现单击界面上"1#风扇开关"按钮，实现控制1#风扇的开关；单击界面上"2#风扇开关"按钮，实现控制2#风扇的开关。运行效果如图4-1所示。

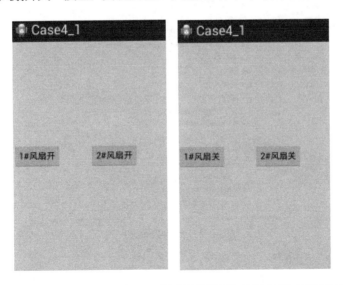

图4-1　程序运行效果

2. 任务分析

1）创建一个空白安卓程序。

2）复制动态库到项目中。

3）编写Strings文件，添加字符串变量。

4）编写UI布局XML文件，设计符合要求的UI界面。

5）编写后台代码，实现以下程序功能。

① 对按钮设置单击事件监控并进行处理。

② 使用字符数组存储开关命令。

③ 使用动态库对象发送命令。

④ 完成程序设计。

3. 操作步骤

1）新建安卓项目，把源代码中的实训设备操作类库文件复制到libs文件夹中，如图
4-2所示。

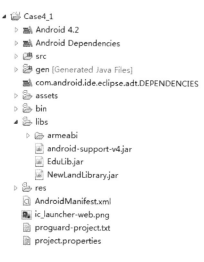

图4-2　复制类库文件

2）编写String.xml文件，如下所示。

```xml
<?xml version="1.0" encoding="utf-8"?>
<resources>
<string name="app_name">Case4_1</string>
<string name="action_settings">Settings</string>
<string name="fanopen2">2#风扇开</string>
```

```
<string name="fanopen1">1#风扇开</string>
</resources>
```

3）编写activity_main.xml界面布局代码，如下所示。

```
<LinearLayout xmlns:android="http://schemas.android.com/apk/res/android"
    android:layout_width="fill_parent"
    android:layout_height="fill_parent"
    android:baselineAligned="false"
    android:background="#D1D1D1"
    android:orientation="horizontal" >
<LinearLayout
        android:layout_weight="1"
        android:gravity="center_vertical"
        android:layout_width="wrap_content"
        android:layout_height="match_parent" >
<Button
            android:id="@+id/btnOpenOneFan"
            android:layout_width="wrap_content"
            android:layout_height="wrap_content"
            android:onClick="myClick"
            android:text="@string/fanopen1" />
</LinearLayout>
<LinearLayout
        android:layout_weight="1"
        android:gravity="center_vertical"
        android:layout_width="wrap_content"
        android:layout_height="match_parent" >
<Button
            android:id="@+id/btnOpenTwoFan"
            android:layout_width="wrap_content"
            android:layout_height="wrap_content"
            android:onClick="myClick"
            android:text="@string/fanopen2" />
</LinearLayout>
</LinearLayout>
```

4）打开MainActivity.java，编辑后台代码，如下所示。

```
package com.example.case4_1;
import com.newland.demo.utils.NewlandLibraryHelper;
import android.app.Activity;
import android.os.Bundle;
import android.view.View;
```

```java
import android.widget.Button;
/**
 * 注：请将ADAM-4150接入Android移动终端COM2口,四输入模块接入Android移动终端COM1口
 * 请将armeabi文件夹、EduLib.jar和NewlandLibrary.jar复制到项目libs文件夹下*/
publicclass MainActivity extends Activity {
// 定义开关风扇命令,这些命令是协议里有的，如果需要了解详细解析那么请浏览协议文档
    private final char[] open1Fen = { 0x01, 0x05, 0x00, 0x10, 0xFF, 0x00, 0x8D,0xFF };
    private final char[] close1Fen = { 0x01, 0x05, 0x00, 0x10, 0x00, 0x00,0xCC, 0x0F };
    private final char[] open2Fen = { 0x01, 0x05, 0x00, 0x11, 0xFF, 0x00, 0xDC, 0x3F };
    private final char[] close2Fen = { 0x01, 0x05, 0x00, 0x11, 0x00, 0x00,0x9D, 0xCF };
    private Button  mBtnOpenOneFan, mBtnOpenTwoFan;
    // 声明刚导入libs的NewlandLibrary中的NewlandLibraryHelper类
    private NewlandLibraryHelper mLibrary;
    @Override
    protected void onCreate(Bundle savedInstanceState) {
        super.onCreate(savedInstanceState);
        setContentView(R.layout.activity_main);
        initView();
    }
    private void initView() {
    mBtnOpenOneFan = (Button) findViewById(R.id.btnOpenOneFan);
    mBtnOpenTwoFan = (Button) findViewById(R.id.btnOpenTwoFan);
    mLibrary = new NewlandLibraryHelper(this);
    mLibrary. createProvider( );
    }
    /**
     * 单击事件。注意：①使用这种方法设置单击事件需在每个按钮布局文件中添加
android:onClick="myClick"
     * ②myClick该方法必须为 public
     * @param v
     * 获取单击的View
     */
    public void myClick(View v) {
        // 选取出单击哪个按钮,对号入座分配按钮单击事件
    switch (v.getId()) {
    case R.id.btnOpenOneFan: // 开启关闭1#风扇
    String onename = mBtnOpenOneFan.getText().toString();// 获取按钮的文本值
    if (onename == "1#风扇开" || onename.equals("1#风扇开"))
    {// 如果是这个则打开1#风扇，反之则关闭1#风扇
        mLibrary.sendCMD(open1Fen);// 发送打开1#风扇命令
        mBtnOpenOneFan.setText("1#风扇关");
    } else {
```

```
                mLibrary.sendCMD(close1Fen);// 发送关闭1#风扇命令
                mBtnOpenOneFan.setText("1#风扇开");
            }
        break;
        case R.id.btnOpenTwoFan: // 开启关闭2#风扇
            // 获取按钮的文本值
            String twoname = mBtnOpenTwoFan.getText().toString();
    if (twoname == "2#风扇开" || twoname.equals("2#风扇开"))
            {// 如果是这个则打开2#风扇，反之则关闭2#风扇
            mLibrary.sendCMD(open2Fen);// 发送打开2#风扇命令
            mBtnOpenTwoFan.setText("2#风扇关");
                } else {
            mLibrary.sendCMD(close2Fen);// 发送关闭2#风扇命令
            mBtnOpenTwoFan.setText("2#风扇开");
            }
        break;
        default:
            break;
            }
        }
        @Override
        protected void onDestroy() {
            // TODO Auto-generated method stub
            super.onDestroy();
            mLibrary.closeUert();
        }
    }
```

5）部署应用程序，请将ADAM-4150接入Android移动终端COM2口,四输入模块接入Android移动终端COM1口，启动应用程序，运行效果如图4-1所示。

4.2　数　组　概　述

　　数组无论在哪种编程语言中都算是最重要的数据结构之一，不同语言的实现及处理也不尽相同。但凡写过一些程序的人都知道数组的价值及理解数组的重要性，与链表一样，数组也是基本的数据结构。尽管Java提供了很好的集合API和集合类如

ArrayList、HashMap，但它们内部都是基于数组的。Java中所有数组都有以下三大特征。

1）数组可以看成是多个相同数据类型数据的组合，对这些数据的统一管理。

2）数组变量属于引用类型变量，数组也可以看成对象，数组中的每个元素相当于该对象的成员变量。

3）数组中的元素可以是任何类型，包括基本类型和引用类型。

在Java中创建一个数组包含以下三个步骤。

1）声明：指出要创建数组的名称以及该数组将包含元素的类型。数组中所有元素都要依附于声明的类型。

2）创建：创建数组对象，表示整个数组。在创建的过程中，Java会给每个元素指定一个默认值。固有类型，Java会赋一个默认值（如整型数组，默认值为0）；对象数组，Java会将每个元素置为null。

3）初始化：为数组的各个元素赋初值。

4.3 一维数组的创建和使用

1. 一维数组的声明

一维数组的声明方式如下。

type identifier []; 或者type[]identifier;

其中，type代表该数组将要包含元素的类型，identifier代表该数组名。

例如：

char[] open1Fen; int a[];

注意，Java语言中声明数组时不能指定其长度（数组中元素的个数）。

例如：

int a[5];   //非法

2. 一维数组对象的创建

Java中使用关键字new创建数组对象，格式如下。

identifier = new type[数组元素个数];

例如:

```
int[] a;                          //声明数组a
a = new int[5];                   //为数组a创建数组对象，长度为5
```

3. 一维数组的初始化

（1）动态初始化　数组定义与为数组元素分配空间和赋值的操作分开进行，例如：

```
public class ArrayTest{
    public static void main(String args[]){
        int[] a = new int[3];        //数组定义
        a[0]=1;                      //数组初始化
        a[1]=2;
        a[2]=3;
        Date[] date = new Date[3];   //数组定义
        date[0] = new Date(2015,8,29);    //数组初始化
        date[1] = new Date(2015,8,29);
        date[2] = new Date(2015,8,29);
    }
}
class Date{
    int year,month,day;
    public Date(int year,int month,int day){
        this.year = year;
        this.month = month;
        this.day = day;
    }
}
```

（2）静态初始化　在定义数组的同时就为数组元素分配空间并赋值，例如：

```
public class ArrayTest{
    public static void main(String args[]){
        int a[] = {1,2,3};
        Date[] date = {new Date(2015,8,29), new Date(2015,8,29), new Date(2015,8,29)};
    }
}
class Date{
    int year,month,day;
    public Date(int year,int month,int day){
        this.year = year;
        this.month = month;
        this.day = day;
```

```
        }
    }
```

（3）数组元素的默认初始化　数组是引用类型，它的元素相当于类的成员变量，因此给数组分配空间后，每个元素也会按照成员变量的规则被隐式初始化，例如：

```
public class ArrayTest{
    public static void main(String args[]){
        int[] a = new int[4];
        Date[] date = new Date[6];
        System.out.println(a[0]);
        System.out.println(date[0]);
    }
}
class Date{
    int year,month,day;
    public Date(int year,int month,int day){
        this.year = year;
        this.month = month;
        this.day = day;
    }
}
```

4.4　二维数组的创建和使用

二维数组，也可以理解为用一维数组保存的元素为一维数组，其声明方式和一维数组类似，内存的分配也一样是用new关键字。

其声明与分配内存的格式如下所示。

1）动态初始化。

```
type identifier [][];
identifier = new type[行数][列数];
```

例如：

```
int a[][];                        //声明
a = new int[3][3];            //定义了一个三行三列的数组
for(int i = 0;i < 3;i++)
    for(int j = 0;j < 3;j++)
```

```
        a[i][j] = i + j;              //初始化
```

2）声明加初始化。

```
type identifier [][] = new type[行数][列数];
```

例如：

```
int b[][] = new int[3][3];        //定义了一个三行三列的数组
for(int i = 0;i < 3;i++)
    for(int j = 0;j < 3;j++)
            b[i][j] = i + j;        //初始化
```

3）二维数组静态初始化。

```
type identifier [][] = {{第0行初值},{第0行初值}, ... , {第n行初值}};
```

例如：

```
public class Lesson{
    public static void main(String [] args){
    int [][] arr = {{123},{456}};              //定义了两行三列的二维数组并赋值
    for(int x = 0; x<arr.length; x++){          //定位行
    for(int y = 0; y<arr[x].length; y++){              //定位每行的元素个数
                System.out.print(arr[x][y]);
            }
            System.out.println（"/n"）;
    }
        int [][] num = new int [3][3];              //定义了三行三列的二维数组
        num[0][0] = 1; //给第一行第一个元素赋值
        num[0][1] = 2; //给第一行第二个元素赋值
        num[0][2] = 3; //给第一行第三个元素赋值
        num[1][0] = 4; //给第二行第一个元素赋值
        num[1][1] = 5; //给第二行第二个元素赋值
        num[1][2] = 6; //给第二行第三个元素赋值
        num[2][0] = 7; //给第三行第一个元素赋值
        num[2][1] = 8; //给第三行第二个元素赋值
        num[2][2] = 9; //给第三行第三个元素赋值
        for(int x = 0; x<num.length; x++){          //定位行
    for(int y = 0; y<num[x].length; y++){              //定位每行元素个数
                System.out.print(num[x][y]);
                }
                System.out.println（"/n"）;
        }
    }
}
```

//数组值arr[x][y]表示指定x行y列的值。

//在使用二维数组对象时，注意length所代表的长度

//数组名后直接加上length(如arr.length)，所指的是有几行(Row)

//指定索引后加上length(如arr[0].length)，是指该行所拥有的元素，也就是列(Column)数目

1. 案例展现

创建一个安卓应用程序，单击界面上的"全部风扇开"或"全部风扇关"按钮，实现1#、2#风扇的开关，如图4-3所示。

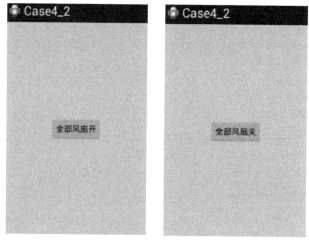

图4-3 程序运行效果

2. 任务分析

1）创建一个空白安卓程序。

2）复制动态库到项目中。

3）编写Strings文件，添加字符串变量。

4）编写UI布局XML文件，设计符合要求的UI界面。

5）编写后台代码，实现程序功能。

① 对按钮设置单击事件监控并进行处理。

② 使用字符数组存储开关命令。

③ 使用动态库对象发送命令。

④ 完成程序设计。

3. 操作步骤

1）新建安卓项目，把源代码中的实训设备操作类库文件复制到libs文件夹中，如图

4-4所示。

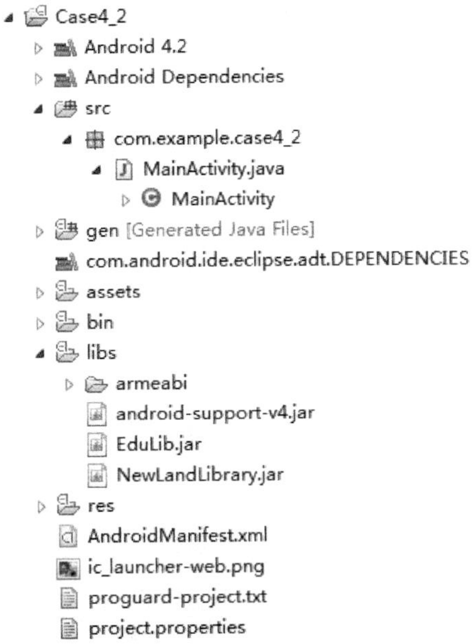

图4-4 复制类库文件

2）编写String.xml文件，如下所示。

```xml
<?xml version="1.0" encoding="utf-8"?>
<resources>
<string name="app_name">Case4_2</string>
<string name="action_settings">Settings</string>
<string name="allfanopen">全部风扇开</string>
</resources>
```

3）编写activity_main.xml界面布局代码，如下所示。

```xml
<LinearLayout xmlns:android="http://schemas.android.com/apk/res/android"
    android:layout_width="fill_parent"
    android:layout_height="fill_parent"
    android:gravity="center_horizontal|center_vertical"
    android:orientation="vertical" >
<Button
            android:id="@+id/btnOpenAllFan"
android:layout_width="wrap_content"
android:layout_height="wrap_content"
android:onClick="myClick"
android:text="@string/allfanopen" />
</LinearLayout>
```

4）打开MainActivity.java，编辑后台代码，如下所示。

```java
package com.example.case4_2;
import com.example.case4_1.R;
import com.newland.demo.utils.NewlandLibraryHelper;
import android.app.Activity;
import android.os.Bundle;
import android.view.View;
import android.widget.Button;
/**
 *注：请将ADAM-4150接入Android移动终端COM2口,四输入模块接入Android移动终端COM1口
 * 请将armeabi文件夹、EduLib.jar和NewlandLibrary.jar复制到项目libs文件夹下
 * 单击界面上"1#风扇开关"按钮,实现1#风扇开关；单击界面上"2#风扇开关"按钮,实现2#风扇开关
 */
public class MainActivity extends Activity {
// 定义开关风扇命令,这些命令是协议里有的，如果需要详细了解请浏览协议文档
private final char[] open1Fen = { 0x01, 0x05, 0x00, 0x10, 0xFF, 0x00, 0x8D,0xFF };
private final char[] close1Fen = { 0x01, 0x05, 0x00, 0x10, 0x00, 0x00,0xCC,0x0F };
private final char[] open2Fen = { 0x01, 0x05, 0x00, 0x11, 0xFF, 0x00, 0xDC,0x3F };
private final char[] close2Fen = { 0x01, 0x05, 0x00, 0x11, 0x00, 0x00,0x9D,0xCF };
 //定义二维数组 类型为char
private char cmd[][] = newchar[4][8];
private Button mBtnOpenAllFan;
//声明刚导入libs的NewlandLibrary中的NewlandLibraryHelper类
private NewlandLibraryHelper mLibrary;
@Override
protected void onCreate(Bundle savedInstanceState) {
  super.onCreate(savedInstanceState);
  setContentView(R.layout.activity_main);
  initView();
}
private void initView() {
  mBtnOpenAllFan = (Button) findViewById(R.id.btnOpenAllFan);
  //给二维数组赋值
  cmd[0] = open1Fen;
  cmd[1] = close1Fen;
  cmd[2] = open2Fen;
  cmd[3] = close2Fen;
  //实例化NewlandLibraryHelper类，将本文的上下文传入this
  //并且调用createProvider方法创建提供者
```

```
mLibrary = new NewlandLibraryHelper(this);
mLibrary.createProvider();
}
/*  单击事件。注意：①使用这种方法设置单击事件需在每个按钮布局文件中添加
android:onClick="myClick"
 *  ② myClick该方法必须为public
 *  @param v
 *      获取单击的View
 */
public void myClick(View v) {
    // 选取单击哪个按钮，对号入座分配按钮单击事件
    switch (v.getId()) {
    case R.id.btnOpenAllFan：// 开启关闭全部风扇
            // 获取按钮的文本值
String allname = mBtnOpenAllFan.getText().toString();
if (allname == "全部风扇开" || allname.equals("全部风扇开"))
        {// 如果是这个则打开2＃风扇，反之则关闭2＃风扇
        mLibrary.sendCMD(cmd[0]);// 发送打开1#风扇命令
        try {
    // 这里要等200ms，由于串口命令不能连续发送，需等一段时间再发送
    Thread.sleep(200);
    } catch (InterruptedException e) {
                // TODO Auto-generated catch block
                e.printStackTrace();
            }
            mLibrary.sendCMD(cmd[2]);// 发送打开2#风扇命令
            mBtnOpenAllFan.setText("全部风扇关");
        } else {
            mLibrary.sendCMD(cmd[1]);// 发送关闭1#风扇命令
            try {
    // 这里要等200ms，由于串口命令不能连续发送，需等一段时间再发送
    Thread.sleep(200);
            } catch (InterruptedException e) {
                // TODO Auto-generated catch block
                e.printStackTrace();
            }
            mLibrary.sendCMD(cmd[3]);// 发送关闭2#风扇命令
            mBtnOpenAllFan.setText("全部风扇开");
        }
        break;
```

```
        default:
            break;
        }
    }
    protected void onDestroy() {
        // TODO Auto-generated method stub
        super.onDestroy();
        mLibrary.closeUert();
    }
}
```

5）部署应用程序，将ADAM-4150接入Android移动终端COM2口，四输入模块接入Android移动终端COM1口，启动应用程序，运行效果如图4-3所示。

4.5 集　合

1. 集合概述

数组是很常用的一种的数据结构，用它可以满足很多的功能，但是，有时会遇到如下问题：

1）需要的容器长度是不确定的。

2）需要它能自动排序。

3）需要以键值对方式存储数据。

如果遇到上述的情况，那么数组是很难满足需求的，接下来本节将介绍另一种与数组类似的数据结构——集合类，集合类在Java中有很重要的意义，如保存临时数据、管理对象、泛型、Web框架等，很多都大量用到了集合类。

常见的集合类有以下几种。

实现Collection接口：Set、List以及它们的实现类，如ArrayList、HashSet等。

实现Map接口：HashMap及其实现类。

实现Collection接口的类，如Set和List，它们都是单值元素（其实Set内部也是采用的是Map来实现的，只是键值一样，从表面理解，就是单值），不像实现Map接口的类一样，里面存放的是Key-value（键值对）形式的数据。这方面就造成它们很多的不同点，如遍历方式，前者只能采用迭代或者循环来取出值，但是后者可以根据键来获得值。表4-1中可以更直接地表现出它们之间的区别和联系。

表4-1 集合类之间的区别和联系

接 口	简 述	实 现	操 作 特 性	成 员 要 求
Set	成员不能重复	HashSet	外部无序地遍历成员	成员可为任意Object子类的对象，但如果覆盖了equals方法，则同时要注意hashCode方法的修改
		TreeSet	外部有序地遍历成员；附加实现了SortedSet，支持子集等要求顺序的操作	成员要求实现Caparable接口，或者使用Comparator构造TreeSet。成员一般为同一类型
		LinkedHashSet	外部按成员的插入顺序遍历成员	成员与HashSet成员类似
List	提供基于索引的对成员的随机访问	ArrayList	提供快速的基于索引的成员访问，对尾部成员的增加和删除支持较好	成员可为任意Object子类的对象
		LinkedList	对列表中任何位置的成员的增加和删除支持较好，但对基于索引的成员访问支持性能较差	成员可为任意Object子类的对象
Map	保存键值对成员，基于键操作，CompareTo或Compare方法对键排序	HashMap	能满足用户对Map的通用需求	键成员可为任意Object子类的对象，但如果覆盖了equals方法，则同时注意修改hashCode方法
		TreeMap	支持对键有序地遍历，使用时建议先用HashMap增加和删除成员，最后从HashMap生成TreeMap；附加实现了SortedMap接口，支持子Map等要求顺序的操作	键成员要求实现Caparable接口，或者使用Comparator构造TreeMap。键成员一般为同一类型
		LinkedHashMap	保留键的插入顺序，用equals方法检查键和值的相等性	成员可为任意Object子类的对象，但如果覆盖了equals方法，则同时注意修改hashCode方法
		IdentityHashMap	使用==来检查键和值的相等性	成员使用的是严格相等
		WeakHashMap	其行为依赖于垃圾回收线程，没有绝对理由则少用	

2．ArrayList集合

ArrayList集合是一个数组队列，相当于动态数组。与Java中的数组相比，它的容量能动态增长。它继承于AbstractList，实现了List、RandomAccess、Cloneable、java.io.Serializable这些接口。ArrayList还提供了相关的添加、删除、修改、遍历等功能。

ArrayList实现了RandomAccess接口，即提供了随机访问功能。RandomAccess是Java中用来被List实现、为List提供快速访问功能的。在ArrayList中，开发人员可以通过元素的序号快速获取元素对象。

ArrayList实现了Cloneable接口，即覆盖了函数clone()，能被克隆。

ArrayList实现java.io.Serializable接口，这意味着ArrayList支持序列化，能通过序列化去传输。

和Vector不同，ArrayList中的操作不是线程安全的。所以，建议在单线程中才使用ArrayList，而在多线程中可以选择Vector或者CopyOnWriteArrayList。ArrayList的继承关系如图4-5所示。

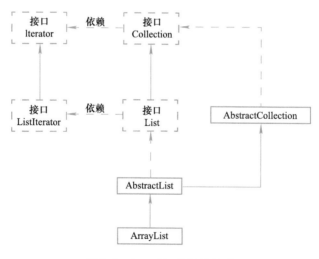

图4-5　ArrayList的继承关系

ArrayList重要的方法和属性如下。

1）构造方法。ArrayList提供了以下三个构造方法。

```
public ArrayList();
```

默认的构造器，将会以默认（起始容量为10）的大小来初始化内部的数组。

```
public ArrayList(ICollection);
```

用一个ICollection对象来构造，并将该集合的元素添加到ArrayList 。

```
public ArrayList(int);
```

用指定的大小来初始化内部的数组。

2）IsSynchronized属性和ArrayList.Synchronized方法。IsSynchronized属性指示当前的ArrayList实例是否支持线程同步，而ArrayList.Synchronized静态方法则会返回一个ArrayList的线程同步的封装。如果使用非线程同步的实例，那么在多线程访问的时候，需要自己手动调用lock来保持线程同步，例如：

```
ArrayList list = new ArrayList();
//……
lock( list.SyncRoot ) /*当ArrayList为非线程包装的时候，SyncRoot属性其实就是它自己，但是为了满足ICollection的SyncRoot定义，这里还是使用SyncRoot来保持源代码的规范性 */
    {
    list.Add( "Add a Item" );
    }
```

如果是使用ArrayList.Synchronized方法返回的实例，那么就不用考虑线程同步的问题，这个实例本身就是线程安全的。实际上ArrayList内部实现了一个保证线程同步的内部类，ArrayList.Synchronized返回的就是这个类的实例，它里面的每个属性都用了lock关键字来保证线程同步。

3）Count属性和Capacity属性。

Count属性是目前ArrayList包含的元素的数量，这个属性是只读的。

Capacity属性是目前ArrayList能够包含的最大数量，可以手动的设置这个属性，但是当设置为小于Count值的时候会引发一个异常。

4）Add、AddRange、Remove、RemoveAt、RemoveRange、Insert、InsertRange，这几个方法比较类似 。

Add方法用于添加一个元素到当前列表的末尾。

AddRange方法用于添加一批元素到当前列表的末尾。

Remove方法用于删除一个元素，通过元素本身的引用来删除 。

RemoveAt方法用于删除一个元素，通过索引值来删除。

RemoveRange用于删除一批元素，通过指定开始的索引和删除的数量来删除。

Insert用于添加一个元素到指定位置，列表后面的元素依次往后移动。

InsertRange用于从指定位置开始添加一批元素，列表后面的元素依次往后移动。

另外，还有以下几个类似的方法。

Clear方法用于清除现有的所有元素。

Contains方法用来查找某个对象在不在列表之中。

5）TrimSize方法。这个方法用于将ArrayList固定到实际元素的大小，当动态数组元素确定不再添加的时候，可以调用这个方法来释放空余的内存。

6）ToArray方法。这个方法把ArrayList的元素Copy到一个新的数组中。

例如：ArrayList与数组转换。

例1：

```
ArrayList List = new ArrayList();
    List.Add(1);
    List.Add(2);
    List.Add(3);
Int32[] values = (Int32[])List.ToArray(typeof(Int32));
```

例2：

```
ArrayList List = new ArrayList();
    List.Add(1);
    List.Add(2);
    List.Add(3);
    Int32[] values = new Int32[List.Count];
    List.CopyTo(values);
```

上面介绍了两种从ArrayList转换到数组的方法

例3：

```
ArrayList List = new ArrayList();
    List.Add( "string" );
    List.Add( 1 ); //往数组中添加不同类型的元素
object[] values = List.ToArray(typeof(object)); //正确
string[] values = (string[])List.ToArray(typeof(string)); //错误
```

和数组不一样，因为Arraylist可以转换为Object数组，所以往ArrayList里面添加不同类型的元素是不会出错的，但是当调用ArrayList方法的时候，要么传递所有元素都可以正确转型的类型或者Object类型，否则将会抛出无法转型的异常。

3. 案例展示

案例概述：创建一安卓应用程序，单击界面上的"计算平均值"按钮，利用给定随机的5组"光照、温度、湿度"的物理量数据，分别显示这5次的物理量数据，并求其平均值，如图4-6所示。

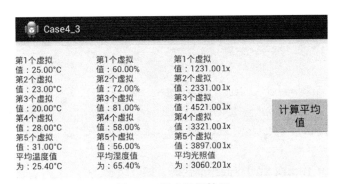

图4-6　程序运行效果

（1）任务分析

1）创建一个空白安卓程序。

2）复制动态库到项目中。

3）编写Strings文件，添加字符串变量。

4）编写UI布局XML文件，设计符合要求的UI界面。

5）编写后台代码，实现程序功能。

① 对按钮设置单击事件监控并进行处理。

② 使用列表进行数据存储。

③ 对数据求平均值。

④ 完成程序设计。

（2）操作步骤

1）新建安卓项目，把源代码中的实训设备操作类库文件复制到libs文件夹中，如图4-7所示。

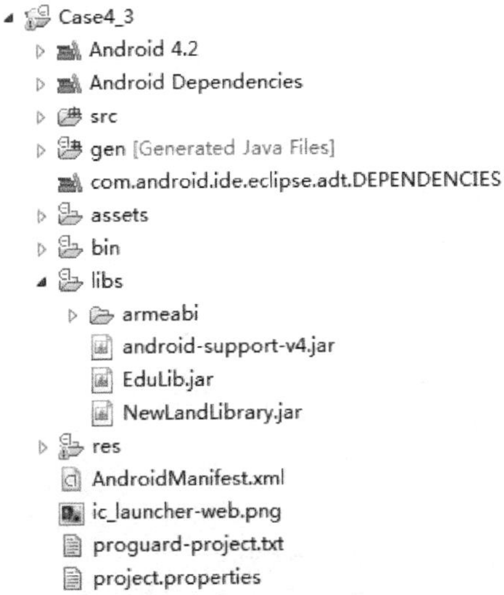

图4-7　复制类库文件

2）编写String. xml文件，如下所示。

```
<?xml version="1.0" encoding="utf-8"?>
<resources>
<string name="app_name">Case4_3</string>
<string name="hello_world">Hello world!</string>
<string name="action_settings">Settings</string>
</resources>
```

3）编写activity_main. xml界面布局代码，如下所示。

```
<LinearLayout xmlns:android="http://schemas.android.com/apk/res/android"
    android:layout_width="fill_parent"
    android:layout_height="fill_parent"
android:background="#F1F1F1"
    android:orientation="vertical">
<LinearLayout
        android:layout_width="match_parent"
android:layout_height="wrap_content"
        android:gravity="center"
        android:layout_weight="1">
<LinearLayout
            android:layout_width="wrap_content"
            android:layout_height="match_parent"
            android:layout_weight="1"
            android:gravity="center"
            android:orientation="vertical">
<TextView
            android:id="@+id/tvTemp"
            android:layout_width="wrap_content"
            android:layout_height="wrap_content"
            android:text=""/>
</LinearLayout>
<LinearLayout
            android:layout_width="wrap_content"
            android:layout_height="match_parent"
            android:layout_weight="1"
            android:gravity="center"
            android:orientation="vertical">
<TextView
            android:id="@+id/tvHumi"
            android:layout_width="wrap_content"
            android:layout_height="wrap_content"
```

```
                android:text=""  />
</LinearLayout>
<LinearLayout
            android:layout_width="wrap_content"
            android:layout_height="match_parent"
            android:layout_weight="1"
            android:gravity="center"
            android:orientation="vertical">
<TextView
            android:id="@+id/tvLight"
            android:layout_width="wrap_content"
            android:layout_height="wrap_content"
            android:text=""  />
</LinearLayout>
<LinearLayout
            android:layout_width="wrap_content"
            android:layout_height="match_parent"
            android:layout_weight="1"
            android:gravity="center"
            android:orientation="vertical">
<Button
            android:id="@+id/btnGether"
            android:layout_width="wrap_content"
            android:layout_height="wrap_content"
            android:text="计算平均值" />
</LinearLayout>
</LinearLayout>
</LinearLayout>
```

4）打开MainActivity.java，编辑后台代码，如下所示。

```
package com.example.case4_3;
import java.text.DecimalFormat;
import java.util.ArrayList;
import com.example.case4_3.R;
import com.newland.demo.utils.NewlandLibraryHelper;
import android.app.Activity;
import android.os.Bundle;
import android.view.View;
import android.view.View.OnClickListener;
import android.widget.Button;
import android.widget.TextView;
/**
```

```java
 *  给定随机的5组 "光照、温度、湿度 "的物理量数据，
 *  分别显示出这5次的物理量数据，并求其平均值*/
public class MainActivity extends Activity {
private TextView mTvTemp, mTvHumi, mTvLight;
private ArrayList<Double> mListTemp = new ArrayList<Double>();
private ArrayList<Double> mListHumi = new ArrayList<Double>();
private ArrayList<Double> mListLight = new ArrayList<Double>();
private Button mBtnGetAve;
    // 声明刚导入libs的NewlandLibrary中的NewlandLibraryHelper类
private NewlandLibraryHelper mLibrary;
  @Override
protected void onCreate(Bundle savedInstanceState) {
        super.onCreate(savedInstanceState);
        setContentView(R.layout.activity_main);
        initView();
}
private void initView() {
  mBtnGetAve = (Button)findViewById(R.id.btnGether);
  mTvTemp = (TextView) findViewById(R.id.tvTemp);
  mTvHumi = (TextView) findViewById(R.id.tvHumi);
  mTvLight = (TextView) findViewById(R.id.tvLight);
  //给定虚拟的5个值
  mListTemp.add(25.0);
  mListTemp.add(23.0);
  mListTemp.add(20.0);
  mListTemp.add(28.0);
  mListTemp.add(31.0);
  mListHumi.add(60.0);
  mListHumi.add(72.0);
  mListHumi.add(81.0);
  mListHumi.add(58.0);
  mListHumi.add(56.0);
  mListLight.add(1231.0);
  mListLight.add(2331.0);
  mListLight.add(4521.0);
  mListLight.add(3321.0);
  mListLight.add(3897.0);
//显示3个数据5次的虚拟值，利用for循环添加文本值
  for (int i = 0; i < 5; i++) {
```

```java
mTvHumi.append("第" + (i + 1) + "个虚拟值: "
        + format(mListHumi.get(i)) + "%" + "\n");
mTvTemp.append("第" + (i + 1) + "个虚拟值: "
        + format(mListTemp.get(i)) + "°C" + "\n");
mTvLight.append("第" + (i + 1) + "个虚拟值: "
        + format(mListLight.get(i)) + "Lux" + "\n");
}
// 实例化NewlandLibraryHelper类，将本文的上下文传入this
// 并且调用createProvider方法创建提供者
mLibrary = new NewlandLibraryHelper(this);
mLibrary.createProvider();
mBtnGetAve.setOnClickListener(new OnClickListener() {
        @Override
        public void onClick(View v) {
                // TextView，添加计算出来的平均值
                mTvHumi.append("平均湿度值为: " + format(getAve(mListHumi)) + "%"+ "\n");
                mTvTemp.append("平均温度值为: " + format(getAve(mListTemp)) + "°C"+ "\n");
                mTvLight.append("平均光照值为: " + format(getAve(mListLight))+ "Lux" + "\n");
        }
    });
}
/**
 * 获取平均值计算结果
 * @param data
 * 将要计算的ArrayList<Double>
 * @return 平均值计算结果*/
public Double getAve(ArrayList<Double> data) {
    double sum = 0;
    if (data.size() == 5) {// 如果传入的长度是5再算，则有5个数据才进行平均值的计算
        for (int i = 0; i < data.size(); i++) {
            sum += data.get(i);
        }
        return sum / 5;
    }
    return 0.0;
}
/* 保留小数点后两位
 * @param data
 * 需要保留的双精度数据
 * @return */
public String format(double data) {
```

```
            DecimalFormat df = new DecimalFormat( "0.00" );
            return df.format(data);
    }
    protected void onDestroy() {
            // TODO Auto-generated method stub
            super.onDestroy();
            mLibrary.closeUert();
    }
}
```

5）部署应用程序，启动应用程序，运行效果如图4-6所示。

4．foreach循环

foreach语句是Java5.0的新特征之一，在遍历数组、集合方面，foreach为开发人员提供了极大的方便。

foreach语句是for语句的特殊简化版本，但是foreach语句并不能完全取代for语句，然而，任何的foreach语句都可以改写为for语句版本。

foreach并不是一个关键字，习惯上将这种特殊的for语句格式称为foreach语句。从英文字面意思上理解，foreach也就是"for每一个"的意思，实际上该语句也就是这个意思。

foreach的语句格式如下。

```
for(元素类型 元素变量: 遍历对象){
引用了元素变量的Java语句;
}
```

元素类型：定义变量的类型。

元素变量：定义的遍历集合的变量。

遍历对象：被遍历的集合对象或数组。

例如：

```
int[] array={12,43,43,22,13,58};//定义数组
for (int i : array)
{          //foreach变量数组
     System.out.println(i);   //输出内容
}
```

5．List集合

List包括List接口以及List接口的所有实现类。因为List接口实现了Collection接口，所以List接口拥有Collection接口提供的所有常用方法，又因为List是列表类型，所以List接口还提供了一些适合于自身的常用方法，见表4-2。

表4-2 List接口定义的常用方法及功能

方 法 名 称	功 能 简 介
add (int index, Object obj)	用来向集合的指定索引位置添加对象，其他对象的索引位置相对后移一位。索引位置从0开始
addAll (int index, Collection coll)	用来向集合的指定索引位置添加指定集合中的所有对象
remove (int index)	用来清除集合中指定索引位置的对象
set (int index , Object obj)	用来将集合中指定索引位置的对象修改为指定的对象
get (int index)	用来获得指定索引位置的对象
indexOf (Object obj)	用来获得指定对象的索引位置，当存在多个时，返回第1个的索引位置；当不存在时，返回−1
lastIndexOf(Obiect obj)	用来获得指定对象的索引位置。当存在多个时，返回最后一个的索引位置；当不存在时，返回−1
listIterator()	用来获得一个包含所有对象的ListIterator型实例
subList(int fromIndex, inttoIndex)	通过截取从起始索引位置fromIndex（包含）到终止索引位置toIndex（不包含）的对象，重新生成一个List集合并返回

从表4-2中可以看出，List接口提供的适合于自身的常用方法均与索引有关，这是因为List集合为列表类型，以线性方式存储对象，可以通过对象的索引操作对象。

List接口的常用实现类有ArrayList和LinkedList，在使用List集合时，通常情况下声明为List类型，根据实际情况的需要，可实例化为ArrayList或LinkedList。

例如：

```
List list = new ArrayList();// 利用ArrayList类实例化List集合
List list2 = new LinkedList();// 利用LinkedList类实例化List集合
```

1）add（int index，Object obj）方法和set（int index，Object obj）方法的区别。在使用List集合时需要注意区分add（int index，Object obj）方法和set（intindex，Object obj）方法，前者是向指定索引位置添加对象，而后者是修改指定索引位置的对象。例如，执行下面的代码。

```
public static void main(String[] args) {
String a = "A"，b = "B"，c = "C"，d = "D"，e = "E";
List list = new LinkedList();
list.add(a);
list.add(e);
list.add(d);
list.set(1，b);// 将索引位置为1的对象e修改为对象b
list.add(2，c);// 将对象c添加到索引位置为2的位置
Iterator it = list.iterator();
```

```
while (it.hasNext()) {
System.out.println(it.next());
}
}
```

在控制台将输出如下信息。

```
A
B
C
D
```

因为List集合可以通过索引位置访问对象，所以还可以通过for循环遍历List集合，如遍历上面代码中的List集合的代码如下。

```
for (int i = 0; i < list.size(); i++) {
/ /利用get(int index)方法获得指定索引位置的对象
System.out.println(list.get(i));
}
```

完整工程的代码如下。

```
package com.newland;
import java.util.ArrayList;
import java.util.LinkedList;
import java.util.Iterator;
import java.util.List;
public class TestCollection {
public static void main(String[] args) {
System.out.println("开始：");
String a = "A", b = "B", c = "C", d = "D", e = "E";
List list = new LinkedList();
list.add(a);
list.add(e);
list.add(d);
list.set(1, b);// 将索引位置为1的对象e修改为对象b
list.add(2, c);// 将对象c添加到索引位置为2的位置
Iterator it = list.iterator();
while (it.hasNext()) {
System.out.println(it.next());
}
 for (int i = 0; i < list.size(); i++) {
 // 利用get方法获得指定索引位置的对象
System.out.println(list.get(i));
```

```
    }
    System.out.println("结束！");
    }
    }
```

2）indexOf（Object obj）方法和lastIndexOf（Object obj）方法的区别。在使用List集合时需要注意区分indexOf（Object obj）方法和lastIndexOf（Object obj）方法，前者是获得指定对象的最小的索引位置，而后者是获得指定对象的最大的索引位置，前提条件是指定的对象在List集合中具有重复的对象，否则如果在List集合中有且仅有一个指定的对象，则通过这两个方法获得的索引位置是相同的。例如，执行下面的代码。

```java
package com.newland;
import java.util.ArrayList;
import java.util.List;
public class TestCollection {
public static void main(String[] args) {
System.out.println("开始：");
String a = "A", b = "B", c = "C", d = "D", repeat = "Repeat";
List list = new ArrayList();
list.add(a); // 索引位置为0
list.add(repeat); // 索引位置为1
list.add(b); // 索引位置为2
list.add(repeat); // 索引位置为3
list.add(c); // 索引位置为4
list.add(repeat); // 索引位置为5
list.add(d); // 索引位置为6
System.out.println(list.indexOf(repeat));
System.out.println(list.lastIndexOf(repeat));
System.out.println(list.indexOf(b));
System.out.println(list.lastIndexOf(b));
System.out.println("结束！");
}
}
```

控制台将输出如下信息。

```
1
5
2
2
```

3）subList（int fromIndex, int toIndex）方法。在使用subList（int fromIndex, int toIndex）方法截取现有List集合中的部分对象生成新的List集合时，需要注意的是，新

生成的集合中包含起始索引位置代表的对象，但是不包含终止索引位置代表的对象。例如，执行下面的代码。

```java
package com.newland;
import java.util.ArrayList;
import java.util.List;
public class TestCollection {
public static void main(String[] args) {
System.out.println("开始：");
String a = "A", b = "B", c = "C", d = "D", e = "E";
List list = new ArrayList();
list.add(a); // 索引位置为 0
list.add(b); // 索引位置为 1
list.add(c); // 索引位置为 2
list.add(d); // 索引位置为 3
list.add(e); // 索引位置为 4
list = list.subList(1, 3);/* 利用从索引位置1~3的对象重新生成一个List集合*/
for (int i = 0; i < list.size(); i++) {
System.out.println(list.get(i));
}
System.out.println("结束！");
}
}
```

控制台将输出如下信息。

```
B
C
```

6．案例展示

案例概述： 创建安卓应用程序，实现四输入模块自动数据采集，并求平均值，如何4-8所示。

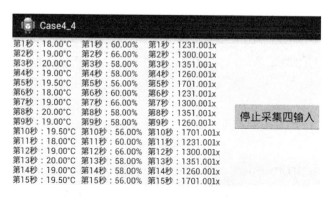

图4-8　程序运行效果

（1）任务分析

1）创建一个空白安卓程序。

2）复制动态库到项目中。

3）编写Strings文件，添加字符串变量。

4）编写UI布局XML文件，设计符合要求的UI界面。

5）编写后台代码，实现程序功能。

① 对按钮设置单击事件监控并进行处理。

② 使用动态库对象接收数据。

③ 使用格式化字符串格式数据。

④ 完成程序设计。

（2）操作步骤

1）新建安卓项目，把源代码中的实训设备操作类库文件复制到libs文件夹中，如图4-9所示。

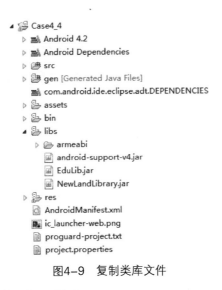

图4-9　复制类库文件

2）编写String.xml文件，如下所示。

```
<?xml version="1.0" encoding="utf-8"?>
<resources>
<string name="app_name">Case4_4</string>
<string name="hello_world">Hello world!</string>
<string name="action_settings">Settings</string>
```

```
</resources>
```

3）编写activity_main.xml界面布局代码，如下所示。

```xml
<LinearLayout xmlns:android="http://schemas.android.com/apk/res/android"
    android:layout_width="fill_parent"
    android:layout_height="fill_parent"
android:background="#F1F1F1"
    android:orientation="vertical" >
<LinearLayout
        android:layout_width="match_parent"
android:layout_height="wrap_content"
        android:gravity="center"
        android:layout_weight="1" >
<LinearLayout
            android:layout_width="wrap_content"
            android:layout_height="match_parent"
android:layout_weight="1"
            android:gravity="center"
            android:orientation="vertical" >
<TextView
            android:id="@+id/tvTemp"
            android:layout_width="wrap_content"
            android:layout_height="wrap_content"
            android:text="" />
</LinearLayout>
<LinearLayout
            android:layout_width="wrap_content"
            android:layout_height="match_parent"
            android:layout_weight="1"
            android:gravity="center"
            android:orientation="vertical" >
<TextView
            android:id="@+id/tvHumi"
            android:layout_width="wrap_content"
            android:layout_height="wrap_content"
            android:text="" />
</LinearLayout>
<LinearLayout
            android:layout_width="wrap_content"
            android:layout_height="match_parent"
            android:layout_weight="1"
```

```
                android:gravity="center"
                android:orientation="vertical" >
<TextView
                android:id="@+id/tvLight"
                android:layout_width="wrap_content"
                android:layout_height="wrap_content"
                android:text=""   />
</LinearLayout>
<LinearLayout
                android:layout_width="wrap_content"
                android:layout_height="match_parent"
                android:layout_weight="1"
                android:gravity="center"
                android:orientation="vertical" >
<Button
                android:id="@+id/btnGether"
                android:layout_width="wrap_content"
                android:layout_height="wrap_content"
                android:text="开始采集四输入"/>
</LinearLayout>
</LinearLayout>
</LinearLayout>
```

4）打开MainActivity.java，编辑后台代码，如下所示。

```
package com.example.case4_4;
import java.text.DecimalFormat;
import java.util.ArrayList;
import com.example.case4_4.R;
import com.newland.demo.utils.NewlandLibraryHelper;
import android.annotation.SuppressLint;
import android.app.Activity;
import android.os.Bundle;
import android.os.Handler;
import android.view.View;
import android.view.View.OnClickListener;
import android.widget.Button;
import android.widget.TextView;
/**
* 注：请将ADAM-4150接入Android移动终端COM2口,四输入模块接入Android移动终端COM1口
 * 请将armeabi文件夹、EduLib.jar和NewlandLibrary.jar复制到项目libs文件夹下
 */
```

```java
public class MainActivity extends Activity {
private TextView mTvTemp, mTvHumi, mTvLight;
private Button mBtnGether;
private ArrayList<Double> mListTemp = new ArrayList<Double>();
private ArrayList<Double> mListHumi = new ArrayList<Double>();
private ArrayList<Double> mListLight = new ArrayList<Double>();
// 用于判断开始、停止，true为开始，false 为停止
private boolean isGether = false;
// 声明刚导入libs的NewlandLibrary中的NewlandLibraryHelper类
private NewlandLibraryHelper mLibrary;
@Override
protected void onCreate(Bundle savedInstanceState) {
    super.onCreate(savedInstanceState);
    setContentView(R.layout.activity_main);
    initView();
}
private void initView() {
    mBtnGether = (Button) findViewById(R.id.btnGether);
    mTvTemp = (TextView) findViewById(R.id.tvTemp);
    mTvHumi = (TextView) findViewById(R.id.tvHumi);
    mTvLight = (TextView) findViewById(R.id.tvLight);
    mBtnGether.setOnClickListener(new OnClickListener() {
            @SuppressLint( "NewApi" )
            @Override
            public void onClick(View v) {
    if (mBtnGether.getText().toString().equals("开始采集四输入"))
        {// 如果是"开始采集"
                    isGether = true;
                    mBtnGether.setText("停止采集四输入");
                } else {
                    isGether = false;
                    mBtnGether.setText("开始采集四输入");
                }
            }
    });
    // 实例化NewlandLibraryHelper类，将本文的上下文传入this
    // 并且调用createProvider方法创建提供者
    mLibrary = new NewlandLibraryHelper(this);
    mLibrary.createProvider();
    myHandler.postDelayed(myRunnable, ms);
}
```

```java
int ms = 1000;// 让线程1000ms运行一次
// Handler用于开启线程Runnable
Handler myHandler = new Handler();
// Runnable新的线程
Runnable myRunnable = new Runnable() {
public void run() {
        myHandler.postDelayed(myRunnable, ms);
        if (isGether) {// 如果是"开始采集"，就开始设置值，否则不执行
            // 将第一秒获取的数据加入数组中
            mListTemp.add(mLibrary.getmTempdata());
            mListHumi.add(mLibrary.getmHumidata());
            mListLight.add(mLibrary.getmLightdata());
            mTvHumi.setText( "" );
            mTvTemp.setText( "" );
            mTvLight.setText( "" );
            for (int i = 0; i < mListTemp.size(); i++) {
            mTvHumi.append("第" + (i + 1) + "秒：" 
            + format(mListHumi.get(i) +  "%"  +  "\n" );
            mTvTemp.append("第" + (i + 1) + "秒："
                    + format(mListTemp.get(i) +  "° C"  +  "\n" );
            mTvLight.append("第" + (i + 1) + "秒："
                    + format(mListLight.get(i) +  "Lux"  +  "\n" );
                    // 设置完属性并其算出平均值
                }
// 1s获取一次，达到5次后就将其显示并且算出平均值
    if (mListTemp.size() == 5) {
// TextView 添加文字
    mTvHumi.append("平均湿度值：" +format(getAve(mListHumi)) + "%"+ "\n");
    mTvTemp.append("平均温度值：" + format(getAve(mListTemp)) + "° C"+ "\n");
    mTvLight.append("平均光照值：" + format(getAve(mListLight))+  "lx"  +  "\n" );
    }elseif(mListTemp.size() == 6){
        try {
                    Thread.sleep(1000);
        } catch (InterruptedException e) {
        // TODO Auto-generated catch block
                    e.printStackTrace();
        }
        // 清除数据，准备放入接下来的5个数据
        mListHumi.clear();
        mListTemp.clear();
```

```
                mListLight.clear();
                mTvHumi.setText( "" );
                mTvTemp.setText( "" );
                mTvLight.setText( "" );
                    }
                }
            }
        };
    /**
     * 获取平均值计算结果
     * @param data
     * 将要计算的ArrayList<Double>
     * @return 平均值计算结果
     */
    public Double getAve(ArrayList<Double> data) {
        double sum = 0;
    // 如果传入的长度是5则再计算, 即有5个数据才进行平均值的计算
    if (data.size() == 5) {
    for (int i = 0; i < data.size(); i++) {
                    sum += data.get(i);
                }
                return sum / 5;
            }
        return 0.0;
    }
    /**
     * 保留小数点后两位
     * @param data
     * 需要保留的双精度数据
     * @return
     */
    public String format(double data) {
        DecimalFormat df = new DecimalFormat( "0.00" );
        return df.format(data);
    }
    @Override
    protected void onDestroy() {
        // TODO Auto-generated method stub
        super.onDestroy();
        mLibrary.closeUert();
```

```
        }
    }
```

5）部署应用程序，将ADAM-4150接入Android移动终端COM2口，四输入模块接入Android移动终端COM1口，启动应用程序，运行效果如图4-8所示。

本章小结

本章讲述了数组和集合。数组是相同类型变量的集合，可以使用共同的名字来引用它；数组可被定义为任何类型，可以是一维或多维；数组中的一个特别要素是通过下标来访问它；数组提供了一种将有联系的信息分组的便利方法。而集合相对于数组来说有它自己独特的优势，那就是可以自动扩容。

数组在使用的过程中应注意以下几点。

1）数组不是集合，只能保存同种类型的多个原始类型或者对象的引用。数组保存的仅仅是对象的引用，而不是对象本身。

2）数组本身就是对象，Java的对象是在堆中的，因此数组无论保存为原始类型还是其他对象类型，数组对象本身是在堆中的。

3）数组声明的两种形式：①int[] arr；②int arr[]。 推荐使用前者，这符合Sun的命名规范，而且容易了解到关键点，这是一个int数组对象，而不是一个int原始类型。

4）数组声明中包含数组长度是不合法的，如int[5] arr，因为，声明的时候并没有实例化任何对象，只有在实例化数组对象时，JVM才分配空间，这时才与长度有关。

5）数组在构造的时候必须指定长度，因为JVM要知道需要在堆上分配多少空间。反例：int[] arr = new int[]。

6）多维数组的声明。int[][] arr是二维int型数组。

7）一维数组的构造。例如：String[] sa = new String[5]；或者分成两句，String[] sa, sa = new String[5]。

8）原始类型数组元素的默认值。对于原始类型数组，在用new构造完成而没有初始化时，JVM自动对其进行初始化。默认值：byte、short、 int、long——0 float——0.0f、double——0.0、boolean——false、char——'"u0000'（无论该数组是成员变量还是局部变量）。

9）对象类型数组中的引用被默认初始化为null。例如，Car[] myCar = new

Car[10]相当于从myCar[0]到myCar[9]都这样被自动初始化为myCar[i] = null。

10）对象类型的数组虽然被默认初始化了，但是并没有调用其构造函数。也就是说，Car[] myCar = new Car[10]只创建了一个myCar数组对象，并没有创建Car对象的任何实例。

11）多维数组的构造。float[] [] ratings = new float[9] []，第一维的长度必须给出，其余的可以不写，因为JVM只需要知道赋给变量ratings对象的长度。但是在C++中必须指定第二维的长度。

12）数组索引的范围。数组中各个元素的索引是从0开始的，到length-1。每个数组对象都有一个length属性，它保存了该数组对象的长度（注意和String对象的length()方法区分开来）。

13）Java有数组下标检查，当访问超出索引范围时，将产生ArrayIndexOutOfBoundsException运行时异常。注意，这种下标检查不是在编译时刻进行的，而是在运行时。也就是说，int[] arr = new int[10]，arr[100] = 100，这么明显的错误可以通过编译，但在运行时抛出。Java的数组下标检查需要额外开销，但是出于安全的权衡还是值得的，因为很多语言在使用数组时是不安全的，可以任意访问自身内存块外的数组，编译运行都不会报错，产生难以预料的后果。

习题

1. 问答题

1）说明ArrayList和Vector有什么区别？

2）说明LinkedList与ArrayList有什么区别？

3）说明数组（Array）和列表集合（ArrayList）有什么区别？

2. 编程题

1）输出1，1，2，3，5，8，13，…这样的Fibonacci数列，输出该数列的前20个数字。

实现思路：该数列的规律是从第三个数字开始，都满足该数字等于前两个数字的和，由于题目要求输出前20个数字，所以需要一个长度为20的数组，第一个和第二个数字直接赋值，后续的数字通过前两个数字得到。

2）歌手打分：在歌唱比赛中，共有15位评委进行打分，在计算歌手得分时，去掉一个最高分，去掉一个最低分，然后剩余的13位评委的分数进行平均，就是该选手的最终得分。输入每个评委的评分，求某选手的得分。

实现思路：计算出数组元素的最大值、最小值以及和，然后从总和中减去最大值和最小值，然后除以13获得得分。

3）判断一个数组{1,3,5,1,9}中是否存在相同的元素，如果存在相同的元素则输出"重复"，否则输出"不重复"。

实现思路：假设数组中的元素不重复，两两比较数组中的元素，使用数组中的第一个元素和后续所有元素比较，接着使用数组中的第二个元素和后续元素比较，依次类推实现两两比较，如果有一组元素相同，则数组中存储重复，结束循环。把比较的结果存储在一个标志变量里，最后判断标志变量的值即可。

4）将十进制整数55转换为二进制数。

实现思路：将除二取余得到的第一个数字存储在数组中的第一个元素，第二次得到的余数存储在数组中的第二个元素，依次类推，最后反向输出获得的数字即可。

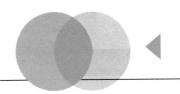

Chapter 5

第 5 章
数据采集——Java面向对象

　　该案例主要展示如何通过编程实现采集人体红外传感器与温度传感器的数据，并且实现根据设定温度临界值自动控制风扇的开关，并且在界面上显示各传感器的数据，任务要求如下。

　　1）软件界面显示人体红外传感器的数据。

　　2）当人体红外传感器检测到有人时，控制1#风扇的开启，无人时切换风扇状态，界面布局与效果如图5-1和图5-2所示。

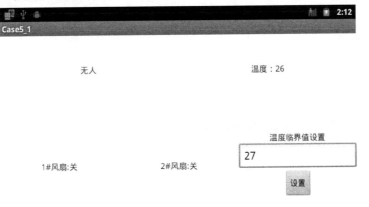

图5-1　无人状态下1#风扇关

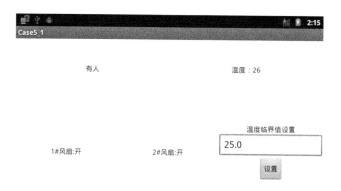

图5-2　有人状态下1#风扇开

3）软件界面显示温度传感器的数据。

4）单击"设置"按钮，可设定温度临界值。

5）当前温度高于设定的温度临界值时，控制2#风扇的开启，当前温度低于设定的温度临界值时，切换风扇状态，布局界面如图5-3～图5-5所示。

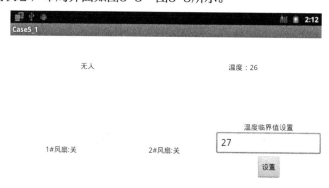

图5-3　当前温度小于设置温度 2#风扇关

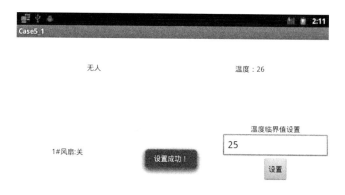

图5-4　设置温度小于当前温度

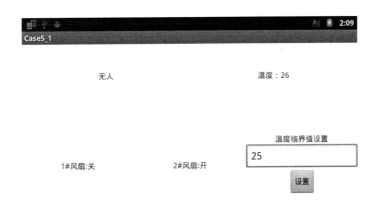

图5-5　当前温度大于设置温度2#风扇开

1. 案例分析

该项目需要实现人体红外传感器与温度传感器的实时数据采集，从而控制工位风扇的开关，首先需要打开连接设备的Zigbee以及ADAM-4150，然后采集人体红外传感器与温度传感器的数据，最后做出判断温度以及人体红外的联动程序，功能实现的步骤如下。

1）创建一个空白安卓程序。

2）把动态库复制到项目中。

3）编写UI布局XML文件，设计合适的UI界面。

4）编写后台代码，新建BasePort、ADAM4150、FouInput类，实现程序功能。

① 完成基类BasePort类的编写。

② 完成ADAM-4150类的编写，实现人体红外获取以及风扇开关的功能。

③ 完成FourInput类的编写，实现温度采集的功能。

④ 在MainActivity中对按钮单击事件进行监控和处理，设置温度临界值。

⑤ 在MainActivity中创建线程，定时获取温度以及人体红外的数据，并且做出相应的判断。

5）新建com.newland.jni包，并且完成Linuxc类的编写。

2. 操作步骤

1）新建安卓项目Case5_1，如图5-6所示。

2）将素材文件"第5章\Case5_1\libs"文件夹下提供的实训设备操作类库文件复制到

libs文件夹中，如图5-7所示。

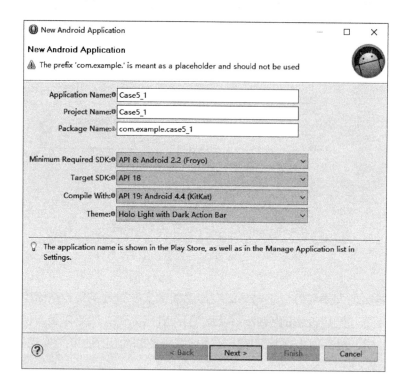

图5-6　新建项目

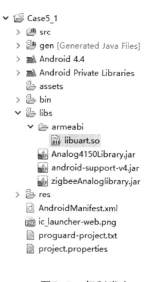

图5-7　复制类库

3）在Case5_1项目中找到src文件夹，在该文件夹中的com.example.case5_1包上单击鼠标右键，在弹出的快捷菜单中，选择"New"→"Class"命令创建新类，如图5-8所示。

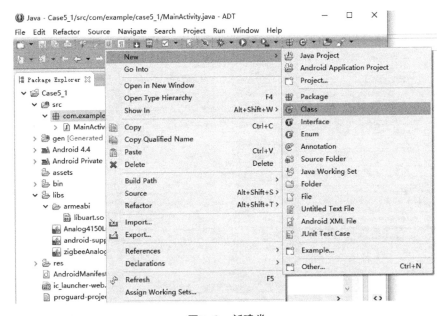

图5-8　新建类

4）在之后出现的对话框中，创建BasePort类，在"Name"文本框中填入"BasePort"，单击"Finsh"按钮，成功创建BasePort类，如图5-9所示。

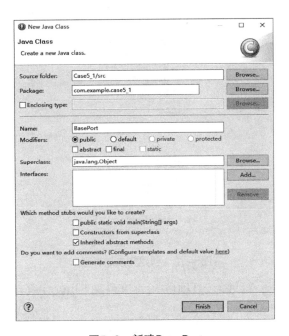

图5-9　新建BasePort

单击"Finish"按钮之后出现BasePort类的编辑界面。此时，已经完成了类的新建。之后在类中创建方法和属性，使其成为一个独特的对象。

5）运用同样的方法再创建ADAM4150与FourInput类，如图5-10和图5-11所示。

图5-10　命名ADAM4150类　　　　　　图5-11　命名FourInput类

至此，已经完成了com.example.case5_1包中类的创建，项目中应有的文件如图5-12所示。

图5-12　创建完成后界面

6）修改布局界面，选择Case5_1项目中res文件夹下layout文件夹，修改该文件夹中的activity_main.xml文件。

```
<LinearLayout xmlns:android=" http://schemas.android.com/apk/res/android"
    android:layout_width=" fill_parent"
    android:layout_height=" fill_parent"
    android:orientation=" vertical"  >
    <LinearLayout
```

```
            android:layout_width=" match_parent"
            android:layout_height=" wrap_content"
            android:gravity=" center"
            android:layout_weight=" 1" >
            <LinearLayout
                android:layout_width=" wrap_content"
                android:layout_height=" match_parent"
                android:layout_weight=" 1"
                android:gravity=" center"
                android:orientation=" horizontal" >
            <TextView
                    android:id=" @+id/tvPerson"
                    android:layout_weight=" 1"
                    android:layout_width=" 0.0dip"
                    android:layout_height=" wrap_content"
                    android:gravity=" center"
                    android:text=" " />
            <TextView
                    android:id=" @+id/tvTemp"
                    android:layout_width=" 0.0dip"
                    android:layout_weight=" 1"
                    android:layout_height=" wrap_content"
                    android:gravity=" center"
                    android:text=" " />
        </LinearLayout>
    </LinearLayout>
    <LinearLayout
        android:layout_width=" match_parent"
        android:layout_height=" wrap_content"
        android:gravity=" center"
        android:layout_weight=" 1" >
        <LinearLayout
            android:layout_width=" 0.0dip"
            android:layout_height=" match_parent"
        android:gravity=" center"
        android:layout_weight=" 1"
            android:orientation=" horizontal" >
            <TextView
                android:layout_width=" wrap_content"
                android:layout_height=" wrap_content"
                android:text=" 1#风扇:" />
```

```xml
        <TextView
            android:id=" @+id/tvFan1"
            android:layout_width=" wrap_content"
            android:layout_height=" wrap_content"
            android:text=" 开" />
    </LinearLayout>
<LinearLayout
        android:layout_width=" 0.0dip"
        android:layout_height=" match_parent"
    android:gravity=" center"
    android:layout_weight=" 1"
        android:orientation=" horizontal"  >
        <TextView
            android:layout_width=" wrap_content"
            android:layout_height=" wrap_content"
            android:text=" 2#风扇:" />
        <TextView
            android:id=" @+id/tvFan2"
            android:layout_width=" wrap_content"
            android:layout_height=" wrap_content"
            android:text=" 开" />
</LinearLayout>
<LinearLayout
    android:layout_width=" 0.0dip"
    android:layout_weight=" 1"
    android:layout_height=" match_parent"
    android:gravity=" center"
    android:orientation=" horizontal"  >
    <LinearLayout
        android:layout_width=" match_parent"
        android:layout_height=" match_parent"
    android:gravity=" center"
        android:orientation=" vertical" >
    <TextView
        android:layout_width=" wrap_content"
        android:layout_height=" wrap_content"
        android:text=" 温度临界值设置"  />
    <EditText
        android:id=" @+id/etSetTemp"
        android:layout_width=" match_parent"
        android:inputType=" number"
```

```
                android:text=" 25.0"
                android:layout_height=" wrap_content"  >
                <requestFocus />
            </EditText>
            <Button
                android:id=" @+id/btnSetTemp"
                android:layout_width=" wrap_content"
                android:layout_height=" wrap_content"
                android:onClick=" myClick"
                android:text=" 设置" />
          </LinearLayout>
        </LinearLayout>
      </LinearLayout>
</LinearLayout>
```

7）在Case5_1项目中找到src文件夹，双击打开该文件夹下的com.example.case5_1包，选择并完善BasePort.java。

```
package com.example.case5_1;
import com.example.analoglib.Analog4150ServiceAPI;
import com.example.analoglib.AnalogHelper;
import com.newland.zigbeelibrary.ZigBeeAnalogServiceAPI;
public class BasePort {
    //打开Zigbee四输入串口
    public int openZigBeePort(int com,int mode,int baudRate){
        return ZigBeeAnalogServiceAPI.openPort(com, mode, baudRate);
    }
    //打开ADAM4150串口
    public int openADAMPort(int com,int mode,int baudRate){
        AnalogHelper.com = Analog4150ServiceAPI.openPort(com, mode, baudRate);
        return Analog4150ServiceAPI.openPort(com, mode, baudRate);
    }
    //关闭Zigbee四输入串口
    public void closeZigBeePort(){
        ZigBeeAnalogServiceAPI.closeUart();
    }
    //关闭ADAM4150串口
    public void closeADAMPort(){
        Analog4150ServiceAPI.closeUart();
    }
}
```

8）在Case5_1项目中找到src文件夹，双击打开该文件夹下的com.example.case5_1包，选择并完善ADAM4150.java。

```java
package com.example.case5_1;
import com.example.analoglib.Analog4150ServiceAPI;
import com.example.analoglib.OnPersonResponse;
import com.example.analoglib.ReceiveThread;
public class ADAM4150 extends BasePort{
    private final char[] open1Fen = { 0x01, 0x05, 0x00, 0x10, 0xFF, 0x00, 0x8D,0xFF };
    private final char[] close1Fen = { 0x01, 0x05, 0x00, 0x10, 0x00, 0x00,0xCC, 0x0F };
    private final char[] open2Fen = { 0x01, 0x05, 0x00, 0x11, 0xFF, 0x00, 0xDC,0x3F };
    private final char[] close2Fen = { 0x01, 0x05, 0x00, 0x11, 0x00, 0x00,0x9D, 0xCF };
    public static int mADAM4150_fd = 0;
    private boolean rePerson;
    public ADAM4150 (int com,int mode,int baudRate){
        //打开串口
        mADAM4150_fd = openADAMPort(com, mode, baudRate);
        ReceiveThread mReceiveThread = new ReceiveThread();
        mReceiveThread.start();
        //设置人体回调函数，人体传感器接入DI0
        Analog4150ServiceAPI.getPerson("person", new OnPersonResponse() {
          @Override
          public void onValue(String arg0) {}
          @Override
          public void onValue(boolean arg0) {
              //真为无人，假为有人
              rePerson = !arg0;
          }
        });
    }
    //获取人体
    public boolean getPerson(){
        return rePerson;
    }
    //打开1#风扇
    public void openFan1(){
        Analog4150ServiceAPI.sendRelayControl(open1Fen);
    }
    //打开2#风扇
    public void openFan2(){
        Analog4150ServiceAPI.sendRelayControl(open2Fen);
    }
    //关闭1#风扇
    public void closeFan1(){
        Analog4150ServiceAPI.sendRelayControl(close1Fen);
    }
}
```

```
//关闭2#风扇
public void closeFan2(){
    Analog4150ServiceAPI.sendRelayControl(close2Fen);
}
}
```

9）在Case5_1项目中找到src文件夹，双击打开该文件夹下的com. example. case5_1
包，选择并完善FourInput. java。

```
package com.example.case5_1;
import com.newland.zigbeelibrary.ZigBeeAnalogServiceAPI;
import com.newland.zigbeelibrary.ZigBeeService;
import com.newland.zigbeelibrary.response.OnTemperatureResponse;
public class FourInput extends BasePort {
    private double mTemp=0.0;
    public static int mFourInput_fd = 0;
    public FourInput (int com,int mode,int baudRate){
        mFourInput_fd = openZigBeePort(com, mode, baudRate);
        ZigBeeAnalogServiceAPI.getTemperature( "temp" , new OnTemperatureResponse()
        {
            @Override
            public void onValue(String arg0) {
            }
            @Override
            public void onValue(double arg0) {
                mTemp = arg0;
            }
        });
        ZigBeeService mZigBeeService = new ZigBeeService();
        mZigBeeService.start();
    }
    public double getTemp(){
        return mTemp;
    }
}}
```

10）在Case5_1项目中找到src文件夹，双击打开该文件夹下的com. example.
case5_1包，选择并完善MainActivity. java。

```
package com.example.case5_1;
import java.text.DecimalFormat;
import java.util.ArrayList;
import com.example.analoglib.Analog4150ServiceAPI;
import com.example.analoglib.AnalogHelper;
import com.example.case5_1.R;
```

```java
import android.app.Activity;
import android.os.Bundle;
import android.os.Handler;
import android.util.Log;
import android.view.View;
import android.widget.Button;
import android:widget.EditText;
import android.widget.TextView;
import android.widget.Toast;
public class MainActivity extends Activity {
    private TextView mTvTemp,mTvFan1,mTvFan2,mTvPerson;
    private EditText mEtSetTemp;
    private double mSetTemp = 25.0;
    //定义一个数组储存1min内的温度
    private ArrayList<Double> mTemp = new ArrayList<Double>();
    //声明两个类
    private ADAM4150 mAdam4150;
    private FourInput mFourInput;
    @Override
    protected void onCreate(Bundle savedInstanceState) {
        super.onCreate(savedInstanceState);
        setContentView(R.layout.activity_main);
        initView();
        mAdam4150 = new ADAM4150(1, 0, 3);
        mFourInput = new FourInput(2, 0, 6);
        mHandler.postDelayed(mRunnable, ms);
    }
    private void initView() {
        mTvTemp = (TextView) findViewById(R.id.tvTemp);
        mTvFan1 = (TextView) findViewById(R.id.tvFan1);
        mTvFan2 = (TextView) findViewById(R.id.tvFan2);
        mTvPerson = (TextView) findViewById(R.id.tvPerson);
        mEtSetTemp = (EditText)findViewById(R.id.etSetTemp);
    }
    private int ms = 1000;//每300ms运行一次
    //声明一个Handler对象
    private Handler mHandler = new Handler();
    //声明一个Runnable对象
    private Runnable mRunnable = new Runnable() {
        @Override
        public void run() {
```

```
//设置多少秒后执行
mHandler.postDelayed(mRunnable, ms);
//如果为真则显示有人，反之显示无人
mTvPerson.setText(mAdam4150.getPerson()? "有人":"无人");
//设置当前温度值
mTvTemp.setText( "温度: "+format(mFourInput.getTemp()));
//将温度存入数组中
mTemp.add(mFourInput.getTemp());
//超过60s则移除第一秒的数据
if(mTemp.size()>=60){
mTemp.remove(0);
}
for (int i = 0; i < mTemp.size(); i++) {
        //输出数组中的数据
        Log.i( "Temp", "第"+(i+1)+"秒    "+mTemp.get(i).toString());
}
//如果为真则开风扇，反之则关闭风扇
if(mAdam4150.getPerson()){
        mTvFan1.setText( "开");
        mAdam4150.openFan1();
}else{
        mTvFan1.setText( "关");
        mAdam4150.closeFan1();
}
try {
//令线程等待200ms，必须加try catch语句 防止Thread.sleep出错
        Thread.sleep(200);
} catch (InterruptedException e) {
        e.printStackTrace();
}
if(mFourInput.getTemp()>mSetTemp){
        mTvFan2.setText( "开");
        mAdam4150.openFan2();
}else{
        mTvFan2.setText( "关");
        mAdam4150.closeFan2();
}
Analog4150ServiceAPI.send4150();
}};
public void myClick(View v){
    switch (v.getId()) {
```

```
        case R.id.btnSetTemp:
            mSetTemp = Double.parseDouble(mEtSetTemp.getText().toString());
            Toast.makeText(MainActivity.this, "设置成功！",Toast.LENGTH_SHORT).show();
        break;
        }}
// 保留小数点后两位
public String format(double data) {
        DecimalFormat df = new DecimalFormat("0.00");
        return df.format(data);
}
// 析构函数
@Override
protected void onDestroy() {
    super.onDestroy();    //重载onDestroy方法
        //以下是重写onDestroy
        if(mAdam4150!=null){
            mAdam4150.closeADAMPort();
        }
        if(mFourInput!=null){
            mFourInput.closeADAMPort();
        }
    }}
```

11）在Case5_1项目中找到src文件夹，在该文件夹中的com. example. case5_1包上
单击鼠标右键，在弹出的快捷菜单中，选择"New"→"Package"命令来创建新包，如图
5-13所示。

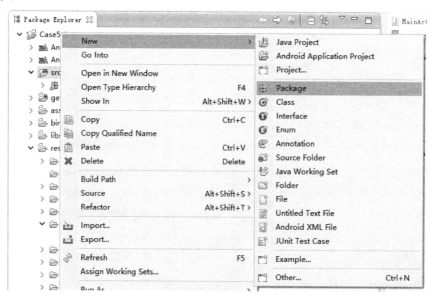

图5-13　新建包

12）新建com.newland.jni包，如图5-14所示。

13）新建Linuxc类，如图5-15所示。

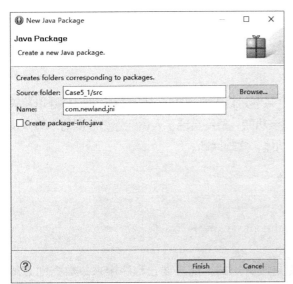

图5-14　定义包名　　　　　　　　　图5-15　新建Linuxc类

14）双击src的com.example.case5_1中的MainActivity.java，完善Linuxc。

```java
package com.newland.jni;
import android.util.Log;
public class Linuxc {
    static{
        try{
            System.loadLibrary("uart");
            Log.i("JIN","Trying to load libuart.so");
        }
        catch(UnsatisfiedLinkError ule){
            Log.e("JIN","WARNING:could not load libuart.so");
        }
    }
    public static native int openUart(int i, int j);
    public static native void closeUart(int fd);
    public static native int setUart(int fd,int i);
    public static native int sendMsgUart(int fd,String msg);
    public static native int sendMsgUartHex(int fd,String msg, int len);
    public static native int sendMsgUartPrint(int fd,byte [] bs, int len);
    public static native String receiveMsgUart(int fd);
    public static native String receiveMsgUartHex(int fd);
```

```
public static native String  receiveMsgUartStr(int fd);
public static native String  ModBusReceiveMsgUartUts(int fd);
public static native int  ModBusSendMsgUart(int fd,String msg);
//zigbee
public static native int receiveMsgUartHex(int fd, int Length,byte[] pBuffer);
}
```

3. 案例总结

该案例利用了面向对象的知识实现了整个案例，首先实现BasePort类中串口打开以及关闭，由ADAM4150类以及FourInput类继承该功能，最终实现了人体红外和温度的采集以及风扇的开关功能，再在MainActivity中调用功能，实现联动。

例如，在程序中实现了Zigbee串口的打开：

```
public int openZigBeePort(int com,int mode,int baudRate){
        return ZigBeeAnalogServiceAPI.openPort(com, mode, baudRate);
    }
```

这个方法单独在BasePort类中很显然是没有用的，而想要在程序中采集数据则必须需要打开串口这个功能，所以FourInput类继承了BasePort类，在FourInput中并没有openZigBeePort这个方法，但是也能使用以下这个方法。

```
mFourInput_fd = openZigBeePort(com，mode，baudRate);
```

打开ADAM4150串口也是如此，在继承之后可以直接使用被继承中的方法以及变量，将打开串口写在一个类中可以使程序结构清晰，也能够便于维护。

最后在MainActivity中调用所有功能，首先创建以下两个类。

```
//声明两个类
 private ADAM4150 mAdam4150;
 private FourInput mFourInput;
 //实例化对象
mAdam4150 = new ADAM4150(1, 0, 3);
mFourInput = new FourInput(2, 0, 5);
```

之后便可在MainActivity中直接使用两个类中的非私有方法以及非私有变量。

```
mAdam4150.openFan1();//使用类中的方法
```

通过调用其他类中的方法，可以很简洁地实现一些功能，当需要判断人体传感器的时候只需要调用ADAM4150类中的getPerson方法就能获取当前人体传感器的状态，并且直接调用ADAM4150类中的openFan1方法和closeFan1方法，十分简便地实现了人体与风扇的联动程序。

```
if(mAdam4150.getPerson().equals（"有人"）){
```

```
    mTvFan1.setText("开");
    mAdam4150.openFan1();
}else{
    mTvFan1.setText("关");
    mAdam4150.closeFan1();
}
```

使用面向对象编程可以使编程变得简单，使程序变得容易维护也便于理解，在设计时也能让代码便于被重复利用。

之所以使用面向对象，是因为面向对象是一种思维方法，对于事物都有一种抽象的概念，容易形成一个整体的框架，接近日常生活的思考方式，同时也因为封装、继承、多态等特性，使程序变得十分灵活，更容易扩展，从而提升软件开发的效率。

5.2 面向对象技术

要了解Java语言，一定要具备面向对象设计的概念。

首先需要了解什么是对象。人们的生活就是由对象组成的，有具体的事物，如桌子、椅子、人等，也有比较抽象的，如文具、书籍、食物。它们都有自己的属性，如桌子的颜色、桌子的高度等。也可以将人看作是一个对象，每个人有自己的属性，如年龄、身高、性别等，也有自己的行为，如跑步、跳跃、蹲下等动作。同时可以直接了解这个人的属性和行为，往往这些东西是可以直观地了解的，如可以直接询问年纪，不需要去考虑年龄是怎么计算的，可以通过对话让对方跑步，而不需要了解跑步是怎样通过神经传递去执行动作等事情。

万物皆对象，对象是万物模型的延伸，对象之间都可以互通往来。对象都可以归属于某类事物，在面向对象的过程中，以对象为编程的中心，以消息为往来的桥梁，搭配在一起就是面向对象的用处。

对象分为静态特征和动态特征，静态特征代表的是对象的属性，如一个人的身高、年龄等，动态特征是指对象的行为和动作，如一个人走路、跳跃等行为。

可以将静态特征称为变量，将动态特征称为方法，一个对象由属性和对属性进行操作的方法构成。

本案例中创建了多个Java类，图5-16展示的是已完成项目的结构，在项目中，这些类都有自己独特的用处，如ADAM4150类的作用就是打开和关闭各风扇，FourInput类就是用于采集各个数据，案例结构如图5-16所示。

从图5-16中可以看出类在一个名为com.example.case5_1的包当中，将每一个类都看作是一个对象，如ADAM4150就是一个对象，这个对象有开启1#风扇1和2#风扇2、关闭风扇1#和风扇

2#的功能，这就是ADAM4150的方法，也就是之前所说的行为，MainActivity是创建Android工程项目时默认的主页面，也是程序的入口。所以在程序中，MainActivity使用了ADAM4150，并且使用了风扇的开关，同样的，在使用方法的时候，不需要去考虑ADAM4150的开关风扇是怎么实现的，只需要正确使用，这就是面向对象的简单使用，使用方法如图5-17所示。

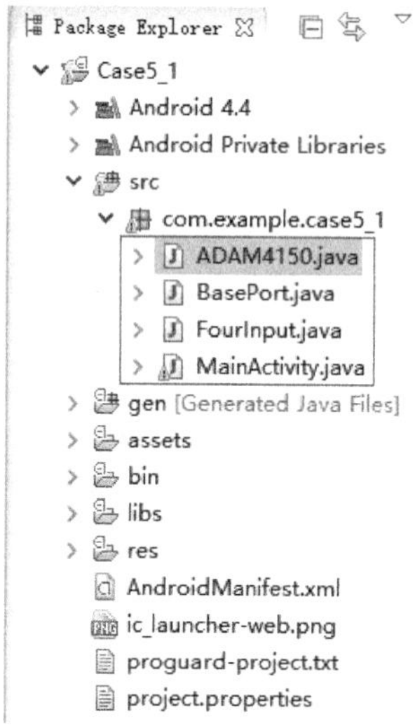
Package Explorer
Case5_1
Android 4.4
Android Private Libraries
src
com.example.case5_1
ADAM4150.java
BasePort.java
FourInput.java
MainActivity.java
gen [Generated Java Files]
assets
bin
libs
res
AndroidManifest.xml
ic_launcher-web.png
proguard-project.txt
project.properties

图 5-16　项目结构

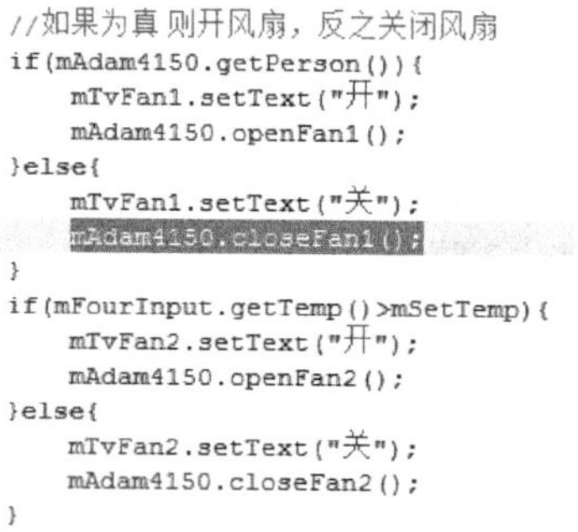
//如果为真 则开风扇，反之关闭风扇
if(mAdam4150.getPerson()){
mTvFan1.setText("开");
mAdam4150.openFan1();
}else{
mTvFan1.setText("关");
mAdam4150.closeFan1();
}
if(mFourInput.getTemp()>mSetTemp){
mTvFan2.setText("开");
mAdam4150.openFan2();
}else{
mTvFan2.setText("关");
mAdam4150.closeFan2();
}

图 5-17　风扇开关

5.3 类的定义和使用

1. 类的定义

类是面向对象最重要的概念之一，在面向对象中，类是一个单独的单位，它有类名，包括了内部成员变量、用于对象的属性，还包括类的成员方法、描述对象的行为。

类是一个抽象的概念，如果要利用类的方式来解决问题，就必须创建实例化的对象，然后通过类对象去访问成员变量，也可以通过静态类的方法去创建，这些将在后面的章节讲到。创建的类的格式如下。

```
<modifiers>class <ClassName>
{
  .......
}
```

<modifiers>为访问修饰符，用于对类的访问权限的设置，具体内容将在下节讲解。

Class为关键字，表明这是一个类的定义。

<ClassName>为类的名称，类名由程序员自己定义，一般名称与类之中的内容有联系，

之后便可以在类中创建内部成员变量和方法。

首先新建Java项目，在菜单栏中执行"File"→"New"→"Java Project"命令创建新项目，具体如图5-18所示。

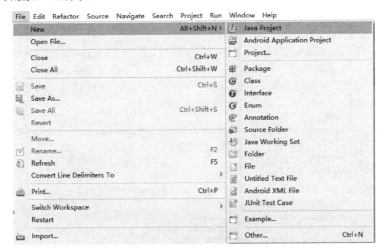

图5-18　新建JavaProject

项目名可由自行选择，输入项目名之后，单击"Finsh"按钮后项目新建完成，如图5-19所示。

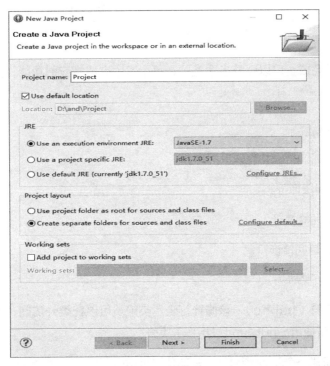

图5-19　新建项目

之后新建类，在新建类的时候，如果这个类为主程序，则可以勾选public static void

main（string[] args）复选框，系统自动生成main程序，main为程序的主入口，即所有程序运行的入口，如图5-20所示。

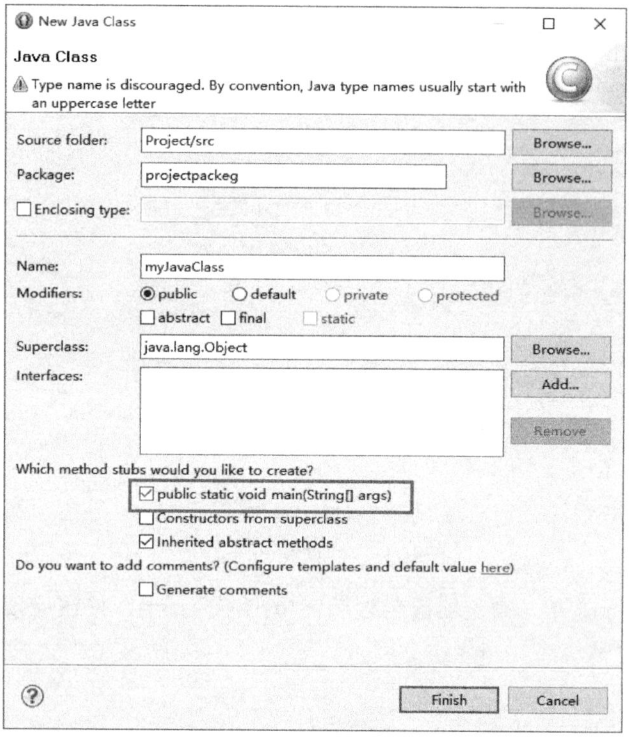

图5-20　新建Class

类的新建已经完成，可以新建多个类，在每个类中完成相应的功能，再由相应函数或主函数调用。

2. 访问修饰符

Java中的访问修饰符一共有以下四种。

- public访问修饰符。

- private访问修饰符。

- protected访问修饰符。

- default访问修饰符。

（1）公有修饰符（public）　该修饰符表示类成员可以在类外访问，该区域称为公共区域，可以被任何类所使用。public可以用作于类修饰。

【例5.1】　新建一个Java项目，之后新建Main类以及A类，在类中写入如下代码。

```
//A类代码
public class A {
```

```
        public String b;
    }
//Main类代码
public class Main {
    public static void main(String args[]) {
      A a = new A();
      a.b = "HelloJava";
    }
}
```

上述例子可以正确运行，A类中的访问修饰符的是公有的，在主程序中能够访问A类。

（2）私有修饰符（private） 该修饰符表示类成员只能被该类的成员函数访问。该访问修饰符不能用于类修饰，只能用于类成员和方法，实现了数据隐藏，只能由内该类的成员函数访问。

在例5.1中将public String b修改为private String b之后程序出现错误，如图5-21所示。

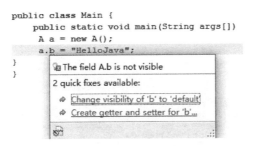

图5-21　程序出现错误

在A类中的变量b是不可见的，也就是说类成员不能被外部所使用，所以在Main类中无法访问到变量b，程序产生错误。

（3）保护修饰符（protected） 该修饰符表示类成员只能被该类函数以及该类派生的派生类和包内成员使用，而不能被包外部成员使用。同样的，该访问修饰符不能修饰类。

所以在例5.1中将public String b修改为protected String b也是没有错误的，如图5-22所示。

```
public class Main {
    public static void main(String args[]) {
      A a = new A();
      a.b = "HelloJava";
    }
}
```

图5-22　保护修饰符的应用

当该类在其他包内的时候，该程序就会出现错误，如图5-23所示。

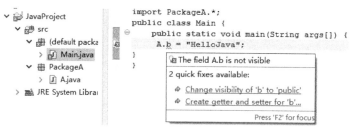

图5-23 访问错误

在进行新建包，并将A类转移至该包之后，在Main程序中访问A类中变量b时，A类与Main类不在同一个包中，A类中变量b无法被包外部成员直接使用，程序产生错误。

（4）默认修饰符（default） 在类中没有访问修饰符即为默认修饰符。类成员只能被包内部成员访问。虽然和保护修饰符几乎相同，但不同的是，该修饰符可以对类进行修饰，如图5-24所示。

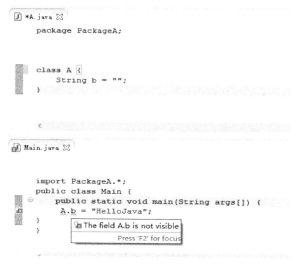

图5-24 默认修饰符

如图5-24所示，A类的访问修饰符去除后，包外部成员类无法访问该类，程序产生错误。

3. 构造函数

创建类对象时，往往会用到一种特别的方法称为构造函数。构造函数主要用于创建对象时初始化对象。

构造函数命名与类名完全相同，并且构造函数没有返回值，不能设定返回值。

构造函数的创建方式如下。

```
Class ClassName(){
    ClassName(<paramType><paramName>,......){
        ......
```

```
        }
        ……
    }
```

其中，ClassName (<paramType><paramName>，……)是构造函数。

构造函数中，可以拥有多个参数，也可以没有参数，在这里用到的参数往往用于参数的初始化。

【例5.2】 新建一个Java项目，之后新建HelloJava类，在类中写入如下代码。

```
Class HelloJava(){
    Double Num1;
    Double Num2;
    HelloJava(Double NowNum1,Double NowNum2) {
        Num1 = NowNum1;
        Num2 = NowNum2;
    }
    Public int Rutern_Int(){
        Return Num1+Num2;
    }
}
```

例5.2中，在创建HelloJava的时候，就需要传入两个值供HelloJava类中Num1和Num2值初始化，之后在程序调用Return_Int的时候就能将Num1和Num2的值之和返回给调用的程序。

当没有为一个类定义任何构造函数时，编译器就会为这个类自动创建一个没有任何参数并且不执行任何操作的构造函数，当这个类被创建时，会自动调用该类的构造函数。

在FourInput和ADAM4150类中都创建了构造函数，用到这些类中方法的时候，都需要作出一些初始化的控制。

在FourInput和ADAM4150类中同名的函数即为构造函数，分别完成相应的初始化控制，如在FourInput类中，构造函数中开启了Zigbee协调器，并且创建了回调函数，通过该回调函数获取数据，在使用方法的时候就不需要时刻去开关协调器，仅需要获取值即可，节省了代码空间。

4. 类的实例化

在前面已经学习了类的创建，但是仅凭借创建类还是不行的，本节中将讲解类的实例化。在面向对象中，把类创建对象的过程称为实例化。

简单来说可以将前面创建的类看作设计图，而实例化就是利用设计图制作实体物品，这样就不难理解实例化。

所以之前创建的类只是一个抽象的概念，类是面向对象的模板，而对象就可以看作类的实例，利用这一概念可以创建出多个不同的对象，并且当创建出多个对象的时候，修改其中一个对象，另外的对象是不会发生改变的。

类的实例化格式如下。

```
<ClassName> Name = new <ClassName>(<Value1>,<Value2>……);
```

ClassName为类的名称，声明创建的变量类型；Name为实例化的类的名称，可自行设定；new <ClassName>为实例化，并将实例化的对象赋予了"="前的值；Value1和Value2为这个类的构造函数中所带的参数，如果没有参数以及构造函数为默认构造函数则不用写参数。

如果想使例5.2中的HelloJava类的方法，则必须实例化HelloJava，程序如下。

```
HelloJava HJ = new HelloJava(1.1,2.1);
Double Num3 = HJ.Return_Int();
System.out.println(String.valueOf(Num3));
```

最终Num3的值为3.2。

当执行HelloJava HJ = new HellowJava(1.1，1.2)的时候，HelloJava就被实例化了，并且这个实例化出来的对象名称为HJ，HJ就相当于是已经实例化的对象，同时因为已经实例化，所以构造函数已执行，将1.1和1.2传给了HelloJava中的Num1和Nmu2，再由Num3去获取HJ的Return_Int函数，最终获取Num1和Num2的值之和，也就是3.2。

在以下案例程序中，MainActivity中分别创建了两个类全局变量，如图5-25所示。

```
private TextView mTvTemp,mTvFan1,mTvFan2,mTvPerson;
private Button mBtnSetTemp;
private EditText mEtSetTemp;
private double mSetTemp = 25.0;
//声明两个类
private ADAM4150 mAdam4150;
private FourInput mFourInput;
```

图5-25 全局变量

将变量可以声明为全局变量，但仅如上所示，ADAM4150类与FourInput类并不能直接使用，全局变量均没有指向对象，程序在调用该变量时将会发生空指针异常。

所以在程序中需要实例化对象，也就是"New"一个对象，让全局变量指向的是一个对象就不会再出现空指针异常了。在MainActivity类的onCreate函数中实现了实例化的过程，具体实例化代码如下所示。

```
mAdam4150 = new ADAM4150(1, 0, 3);
mFourInput = new FourInput(2, 0, 6);
```

5. 静态类

了解静态类，首先需要了解静态修饰符，也就是关键字static。

在变量或者方法前加入static修饰符，这类变量和方法就称为静态变量和静态方法，访问静态变量和静态方法只需要访问类名，无须实例化对象即可通过运算符"."调用静态变量和静态方法。这类静态变量和静态方法归属于类，不属于任何具体实例。

但是要注意，类的静态变量和静态方法将被该类的所有成员共享而并不是新建。这和实例化有所不同就在于实例化后，以变量为例，不是静态变量的变量将被重新创建，而静态变量是共享。

【例5.3】 新建一个Java项目，之后新建ClassA类以及Main类。

首先在ClassA类中创建静态变量A。

```
public class ClassA {
    static int A = 10;
}
```

在Main类中，创建了静态变量A，之后在程序中输出。

```
public class Main {
    public static void main(String[] args) {
        System.out.println(String.valueOf(ClassA.A));
    }
}
```

最终输出结果为10，程序中并没有实例化ClassA，但是能访问变量A，这是非静态变量无法做到的。

在上述程序中再修改为如下方式。

```
public class Main {
    public static void main(String[] args) {
        ClassA csa = new ClassA();
        System.out.println(String.valueOf(csa.A));
    }
}
```

静态变量允许被该类的实例成员共享，最终输出结果还是10。

静态变量是允许被修改的，方法如下。

```
public class Main {
    public static void main(String[] args) {
        ClassA csa = new ClassA();
        ClassA csb = new ClassA();
        csb.A = 9;
```

```
            System.out.println(String.valueOf(csa.A));
        }
    }
```

静态变量允许被该类的实例成员共享，并且可以修改。要注意是共享，所以在程序中新建了两个实例类的时候，修改了其中一个的静态变量，所有该类的实例全部变为该静态变量，最终输出结果为9。

静态变量会被一直存储于内存中，可以被任何成员访问，当有频繁使用的方法与变量时，总是通过实例化，那么对内存使用是十分大的，这个时候将方法和变量设置为static，该变量可以随时使用，而不需要实例化，static实现了系统的缓存，生命周期为程序运行到应用程序退出。

以上讲解了静态变量和静态方法。类也是可以使用static的，但是在Java中，一般情况下是不可以使用static修饰符的。所以在一般情况下，static修饰的是内部成员类。

内部成员类是指在外部的类中再定义一个类，这个类可以是public、default、protected和private修饰

内部成员类的创建方法如下。

```
public class ClassA {
    ClassA(){
        ClassB csb = new ClassB();
        csb.Speak();
    }
    public class ClassB{
        void Speak(){
            System.out.println("HelloJava");
        }
    }
}
```

静态内部类虽然很少使用，但是在某些情况下，使用静态类将变得十分便捷。在测试程序代码的时候，如果在每个Java文件中都设置主方法，则会出现额外的代码，但是其本身又不需要这个主方法，所以在这个时候，就可以将主方法写入到静态类中，不用为每个Java源文件都设置一个类似的主方法，这样将变得十分便捷。

【例5.4】新建一个Java项目，之后新建ClassA类，在类中写入如下代码。

```
public class ClassA {
    public void Talk(){
        System.out.println("HelloJava");
    }
    public static class ClassB{
```

```
        static void Speak(){
            new ClassA().Talk();
        }
    }
}
public class Main {
    public static void main(String[] args) {
        ClassA.ClassB.Speak();
    }
}
```

5.4 面向对象特性

1. 封装

封装就是将程序的过程和数据组装起来，成为一个对象，其他对象不可以操作数据，必须通过和数据相关的操作来访问这些数据。总的来说，数据封装就是给数据提供了外界联系的标准接口，任何想使用这些数据的外界对象，只有通过这些接口，使用规范的方式，才能访问这些数据。

对象的内部功能的实现，也就是代码和数据是受到保护的，外界不能够访问它们，所以封装使得一个对象可以像一个零件一样用在各种程序中，而且不需要去担心对象的功能受到影响。

封装的推出使得程序员在设计程序的时候可以专注于自己的对象，也使不同模块之间的数据无法被非法使用，减少了出错的可能性，也可以防止外部恶意程序的修改和调用。

【例5.5】 新建一个Java项目，之后新建ClassA类，在类中写入如下代码。

```
public class ClassA {
    //封装属性
    private String Name = "Java";
    private int Age = 10;
    //封装方法
    public String TalkName(){
        return Name;
    }
    public void SetName(String Name){
        this.Name = Name;
    }
```

```
public int TalkAge(){
    return Age;
}
public void SetAge(int Age){
    this.Age = Age;
}
}
```

创建了两个私有的变量，这两个变量是无法被外界所获取的，然后创建一些可以被外界访问的属性的方法。比如如果属性Age不想被设置，则可以将setAge方法删除，这样外界的程序就无法将Age的值改变为其他值。

同样，封装不仅可以删除程序，还可以保护程序数据的正确性，在程序中，如果设置age为-100，那么年龄为负数很明显是不正确的，这个时候age就不能让任何外部访问了，如有程序将age设置为了负数，那么整个程序都将出现严重错误，所以这个时候创建的可被外界访问的属性的方法就起到了效果，将SetAge做出如下修改：

```
public void SetAge(int Age){
    If(Age>0&&Age<=120)
     this.Age = Age;
}
```

将数据封装，就能够将私有的数据和共有的数据区分开，保护了私有的数据，减少了程序的复杂性，提高了数据的安全性。

2. 继承

继承是指新对象从一个原有的类中获得该类的特性的机制，新对象称为派生类，原对象称为基类。新对象从原有类中获得特性的过程称为类的继承。

在继承的过程中，派生类继承了基类的特性，包括属性和方法，还能够增加自己的方法和属性。

继承特性有单继承和多继承两种概念，多继承也就是说派生类能够继承多个基类，单继承只能继承一个基类，Java中不支持多继承。

一个类可以被多个类继承，也就是说一个类可以拥有多个派生类。

继承的方法如下。

```
Class <son> extends <father>
```

<father>就是父类，填写要继承的类名。

【例5.6】 新建一个Java项目，之后新建ClassA类、ClassB类以及Main类，在类中写入如下代码。

```java
public class ClassA {
    int a = 0;
    int b = 10;
    int c = 100;
    public void A(int a){
        this.a = a;
    }
}
public class ClassB extends ClassA {
    int d = 100;
    public void D(){
        A(50);
    }
}
public class Main {
    public static void main(String[] args) {
        ClassA csa = new ClassA();
        System.out.println("ClassA值："+csa.a+"|"+csa.b+"|"+csa.c);
        ClassB csb = new ClassB();
        System.out.println("ClassB值："+csb.a+"|"+csb.b+"|"+csb.c+"|"+csb.d);
        //csb.A(50);
        csb.D();
        System.out.println("ClassA值："+csa.a+"|"+csa.b+"|"+csa.c);
        System.out.println("ClassB值："+csb.a+"|"+csb.b+"|"+csb.c+"|"+csb.d);
    }
}
```

最终输出结果如下。

```
ClassA值：0|10|100
ClassB值：0|10|100|100
ClassA值：0|10|100
ClassB值：50|10|100|100
```

从程序中可以看出ClassB继承了ClassA，按照继承的原理，ClassB继承了ClassA的a、b、c的值以及方法A，所以在Main程序中csb.a也是可以访问的，并且可以使用的，从ClassA中继承了之后，ClassB中也具有了属于该类自身的a值。

值得一提的是，程序中的csb.D最终访问的是A(50)，因为ClassB继承了ClassA的属性和方法，所以ClassB也具有方法A，方法D最终访问的是ClassB中的值，与ClassA中的值并没有直接联系，最终结果只是ClassB中的值发生了改变。

继承在于类的继承可以在原先类的基础上派生出新的类，有些重复而复杂的程序不用重复再写，通过继承可以快速开发出新的类，实现了代码的重复利用，也提升了程序编程的效率。

类继承中多继承是不允许的，也就是如下格式是错误的。

```
ClassA{
    ......
}
ClassB{
    ......
}
ClassC extends A,B{
    .......
}
```

但是可以使用多重继承如下所示。

```
ClassA{
    ......
}
ClassB extends A{
    ......
}
ClassC extends B{
    .......
}
```

如上所述，ClassB继承了ClassA，ClassC继承了B，所以ClassC也具有ClassA的方法和属性，但是如果ClassB中进行重载或重写的则另当别论了。

在案例程序中，BasePort类实现了串口的打开和关闭，ADAM4150类和FourInput类继承了BasePort类，省去分别在两个类中的串口打开和关闭，在需要使用串口打开和关闭功能时使用该方法。

3. 重载与重写

虽然重载和重写被放到了一起讲解，但是重载和重载不仅是一个字之差，而是完全不同的两种概念。

（1）重载　在一个类中，可以有一个以上的方法同名，但是必须保证它们的参数不同，返回值不同无法作为函数重载的区别，这就是重载的方法。

重载可以在类中创建多个同样名字的方法，通过调用时选择不同参数去调用不同的方法，体现了程序的多态性。

【例5.7】 新建一个Java项目，之后新建My类和Main类，在类中写入如下代码。

```
public class My {
    private String Name = " ";
    private int Age = 0;
    private Double Height = 0.00;
    public void SetMy(String Name){
        this.Name = Name;
    }
    public void SetMy(int Age){
        this.Age = Age;
    }
    public void SetMy(Double Height){
        this.Height = Height;
    }
    public void Speak(){
System.out.println（"我的名字是"+Name+"，年龄是"+Age+"岁，身高是"+Height+"米");
    }
}
```

之后在主程序中调用该类别的SetMy函数时出现了如图5-26所示的情况。

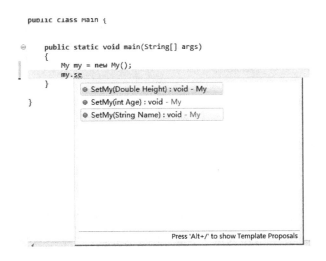

图5-26　函数重载

这样就能利用重载函数了，给编程带来了便利，而在编程过程中，也能十分便捷地去记忆函数。例如，在类型转换的时候，如果转换的类型不一定，那么没有重载函数的话，将需要程序员去记住很多很多函数名，那么显然这是十分复杂的，效果如图5-27所示。

使用了重载函数后，重载时仅需要记住valueOf，之后要转换类型只需要选择就行了。

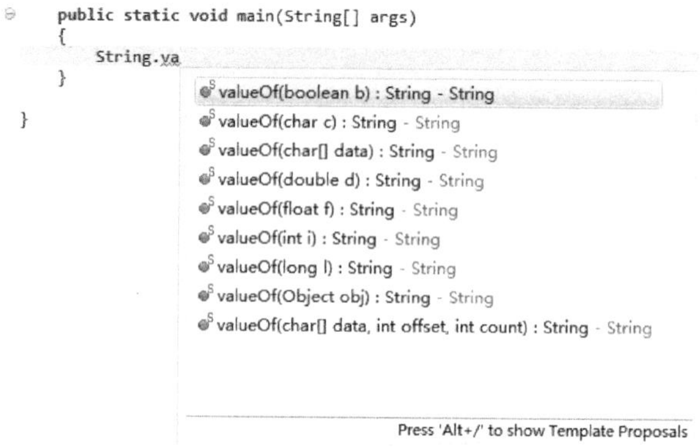

图5-27　函数重载

构造函数也是能够重载的，例5.8中就有两个构造函数。

【例5.8】 新建一个Java项目，之后新建My类和Main类，在类中写入如下代码。

```java
public class My {
    private String Name = " ";
    private int Age = 0;
    private Double Height = 0.00;
    My(){
            Name = " ";
            Age = 0;
            Height = 0.00;
    }
    My(String Name , int Age , Double Height){
            this.Name = Name;
            this.Age = Age;
            this.Height = Height;
    }
    public void Speak(){
System.out.println( "我的名字是"+Name+"，年龄是"+Age+"岁，身高是"+Height+"米");
    }
}
```

两个构造函数，一个为初始化对象，另一个是直接赋值，通过参数不同来区分，所以在对象实例化时也可以选择实例化的对象，效果如图5-28所示。

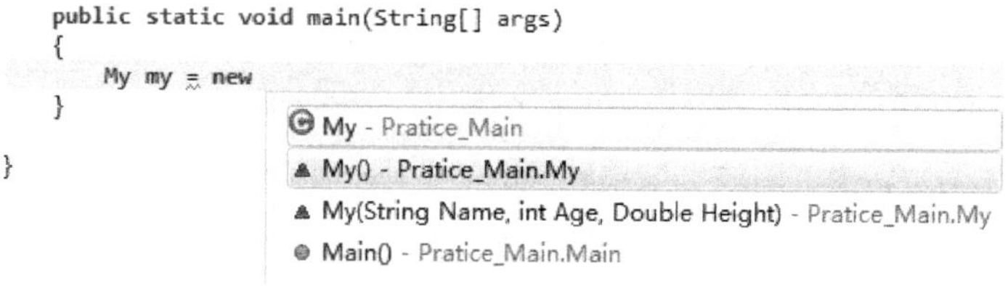

图5-28　多重构造函数

（2）重写　重写是基于继承关系中的，派生类具有基类特性之后，有些方法已经不能满足当前新的要求，这个时候就需要在派生类中修改从基类继承的方法，也就是重写的概念。

例如，在动物这个类中派生出鸡和狗，鸡和狗都继承了动物的特性，如跑和吃等行为，但是鸡和狗的跑是不同的，这个时候就需要用不同的方法去实现，修改狗为四条腿跑，鸡为两条腿跑，这就是重写的应用，重写基类的方法，在派生类中以全新的方式出现。

重写是对于父类方法的重新编写，但是要注意的是返回值和形参都不能发生改变。

【例5.9】　新建一个Java项目，之后新建My类、NewMy类以及Main类，在类中写入如下代码。

```
public class My {
    private String Name = "";
    private int Age = 0;
    private Double Height = 0.00;
    My(){
        Name = "Java";
        Age = 18;
        Height = 1.80;
    }
    public void Speak(){
System.out.println("我的名字是"+Name+"，年龄是"+Age+"岁，身高是"+Height+"米");
    }
}
public class NewMy extends My {
    //什么都没有
}
public class Main {
    public static void main(String[] args) {
        NewMy my = new NewMy();
        my.Speak();
    }
}
```

最后输出结果如下。

我的名字是Java，年龄是18岁，身高是1.8米

最后将NewMy进行Speak()函数重写如下。

```
public class NewMy extends My {
    public void Speak(){
        System.out.println("大家好！很高兴认识你们，我是Java");
    }
```

```
}
```

再次运行，最后输出结果如下。

大家好！很高兴认识你们，我是Java

最后值得注意的是，即使派生类覆盖了基类的方法，也不会删除和覆盖基类中的方法，编译器是为派生类创建了一个新的派生类方法，而不是调用基类继承的方法，基类的方法仍然存在，并且可以在派生类中继续被调用。

在派生类想重写一个基类方法的时候，很容易因为参数顺序或者参数类型等问题犯错，如果写错了，那么在派生类中的方法类型和参数等与原方法不同的时候，编译器对函数进行的是函数重载而不是重写，所以为了防止这类错误，可以添加@Override标记。

如下就是@Override的写法，在函数的上一行，表示这个函数就表示是函数重写。

```java
public class NewMy extends My {
    @Override
    public void Speak(){
        System.out.println（"大家好！很高兴认识你们，我是Java");
    }
}
```

@Override并没有实际用处，但是它所标记的方法都会通过编译器检查方法是否与基类中同名方法是否相同，当检测出来不同时，就会得到错误信息，所以在重写方法的时候最好都使用@Override标记。

4. 接口

在Java中，有一种类被专门用来当作父类。这种类的名字叫作抽象类。在面向对象编程中，通常会发现为了利用多态而需要创建一个主类，然后再从中派生多个派生类，这个时候就需要用到抽象类。

抽象类很好辨别，也就是abstract class。抽象类声明了一个或者多个抽象方法，但是它们并没有实现任何功能，方法体被省略。抽象方法只是用来声明方法，而没有实现方法，所以抽象方法也需要用abstract关键字声明。抽象类中也声明有方法体的函数和变量，这样的函数和变量都会像普通的继承一样继承给派生类。

【例5.10】 新建一个Java项目，之后新建Person类、Worker类以及Main类，在类中写入如下代码。

```java
abstract class Person {
    public void Speak(){
        System.out.println（"很高兴认识你们");
    }
    public abstract void talk();
}
```

例5.10中列举了一个名字叫Person的抽象类，并且在其中有一个普通方法Speak和一个抽象方法talk。

在派生类继承的时候会出现如图5-29所示的错误。

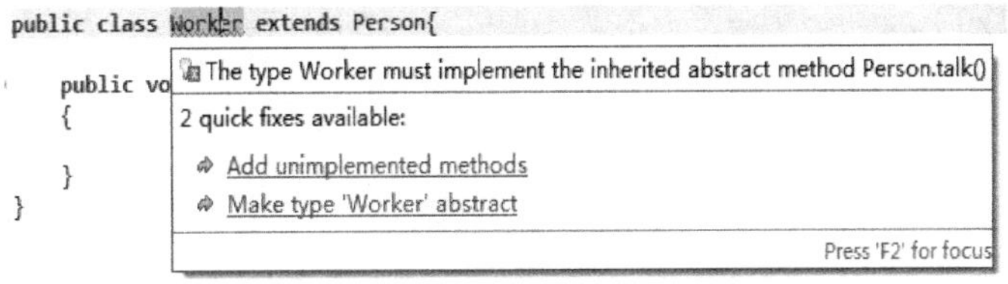

图5-29　继承出现错误

表示为这个叫Worker的类继承Person抽象类必须实现继承的抽象方法，之后单击"Add umimplemented methods"，编译器便会自动生成函数，如图5-30所示。

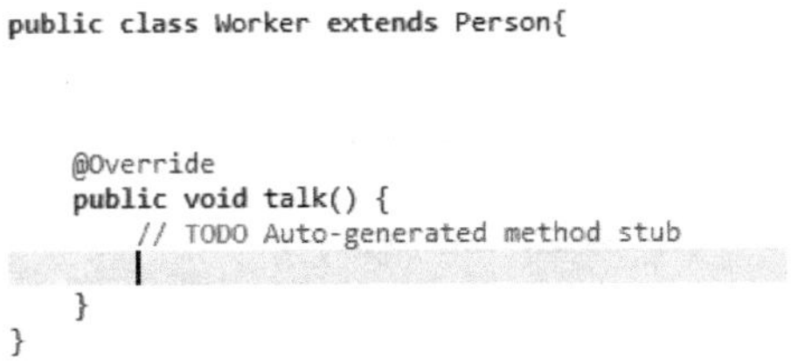

图5-30　重写方法

之后创建两个派生类如下。

```java
public class Student extends Person{
    @Override
    public void talk() {
        talk();
        System.out.println（"我是一名学生");
    }
}
public class Worker extends Person{
    @Override
    public void talk() {
        talk();
        System.out.println（"我是一名工人");
    }
}
```

在主函数中调用如下。

```java
public class Main {
    public static void main(String[] args) {
        Student st = new Student();
        st.talk();
```

```
            Worker wr = new Worker();
             wr.talk();
         }
     }
```

最终输出结果如下。

很高兴认识你们
我是一名学生
很高兴认识你们
我是一名工人

有趣的是，抽象类也能被实例化，不过在被实例化后需要将抽象方法实现，虽然和继承差不多，不过在某些只需要用到一次的地方，直接实例抽象类也是不错的选择，如图5-31所示。

```
public class Main {

    public static void main(String[] args)
    {
        Person ps = new Person() {

            @Override
            public void talk() {
                // TODO Auto-generated method stub

            }
        };
    }
}
```

图5-31 实例化抽象类

以上就是抽象类的概念，而接口和抽象类有相似之处。

当只需要一个或多个方法在不同类中实现，并且能够多态地调用它们时，就可以通过接口方式调用而不是通过基类方式。

接口的本质是相关常量和抽象方法的集合，接口只需要定义名称参数和返回类型，也就是抽象方法。

接口的定义方法如下。

```
interface <InterfaceName>{
Final <Variable> <VariableName> = Constant;
Abstract <returnType> <functionName>(<Parameter>……);
}
```

Final表示的是不能更改，也就是说Final声明的变量是无法被更改的。Final不仅可以用作于变量，也可用作与方法和类。

Final类表示不能够被继承，也就是说没有派生类。

Final方法不能被重写，但是可以被继承。

Fianl变量在声明时必须被赋予常量，之后便不能再更改。

在接口类中，只能声明常量和抽象方法，使用接口也需要使用关键字implements，实现接口如下。

Class <ClassName> Implements <InterFaceName1>,<InterFaceName2>……

【例5.11】 新建一个Java项目，之后新建MyInterface类、ClassA 类以及Main 类，在类中写入如下代码。

```
interface MyInterface {
    final String Name = "Java";
    abstract void Talk();
}
public class ClassA implements MyInterface {
    @Override
    public void Talk() {
        System.out.println("你好！我的名字是："+Name);
    }
}
public class Main {
    public static void main(String[] args) {
        ClassA csa = new ClassA();
        csa.Talk();
    }
}
```

例5.11的编译运行结果如下。

你好！我的名字是：Java

在接口实现时也可以利用抽象那样快速实现抽象方法，如图5-32和图5-33所示。

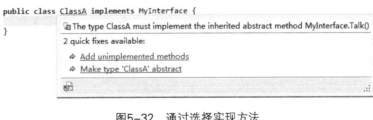

图5-32　通过选择实现方法

```
public class ClassA implements MyInterface {

    @Override
    public void Talk() {
        // TODO Auto-generated method stub

    }
}
```

图5-33　实现方法

案例中创建了一个String的常量Name，在实现接口的时候，也可以在该类中直接使用，虽然和抽象类的继承有点相似，但是，继承是单继承的，而接口却可以多继承，这点必须十分明确，并且这个也是继承和接口最大的区别。

【例5.12】 新建一个Java项目，之后新建类接口A、B和C以及ClassA和Main类，在类中写入如下代码。

```java
interface A {
abstract void Talk1();
}
interface B {
    abstract void Talk2();
}
interface C extends A,B{
    abstract void Talk3();
}
public class ClassA implements C {
    @Override
    public void Talk1() {
        System.out.println("我是接口A的抽象方法");
    }
    @Override
    public void Talk2() {
        System.out.println("我是接口B的抽象方法");
    }
    @Override
    public void Talk3() {
        System.out.println("我是接口C的抽象方法");
    }
}
public class Main {
    public static void main(String[] args) {
        ClassA csa = new ClassA();
        csa.Talk1();
        csa.Talk2();
        csa.Talk3();
    }
}
```

例5.12的编译运行结果如下。

```
我是接口A的抽象方法
我是接口B的抽象方法
我是接口C的抽象方法
```

在程序中创建了接口A和接口B，接口C中继承了接口A和接口B，和类的继承一样，将接口A和接口B的方法和常量都继承到接口C中，所以在实现接口C的时候出现了接口A和接口B中的抽象方法。

5.5 异 常

1. 什么是异常

如果让程序将"HelloJava"翻译成数字那么会发生什么事情呢？

```
public class Main {
    public static void main(String[] args) {
        String s = "HelloJava";
        Integer.valueOf(s);
    }
}
```

通过阅读程序就能知道其实是算不出结果的，所以程序也抛出了如下异常。

```
Exception in thread "main" java.lang.NumberFormatException: For input string: "HelloJava"
    at java.lang.NumberFormatException.forInputString(Unknown Source)
    at java.lang.Integer.parseInt(Unknown Source)
    at java.lang.Integer.valueOf(Unknown Source)
    at Pratice_Main.Main.main(Main.java:9)
```

这种错误是在程序运行的过程中发生的，如果没有对这些错误进行处理，那么将会直接打断程序正常运行，导致程序崩溃。

异常发生的情况是非常多的，如类型转换错误、数组超界、找不到文件等，那么为了程序能够更加稳定，在程序设计的时候，就应该要将所有可能发生的异常全部想到，并且作出相应的处理。

异常是一种控制机构，能够让程序从异常中回复，提供了重要的调试信息（堆栈跟踪），也就是上文中的异常，可以发现错误的来源以及错误的原因。在对面向对象有了一定的了解之后，了解异常的概念也能事半功倍。

2. try……catch 和finally

既然知道了异常，那么就需要进行异常处理，异常处理的格式如下。

```
try{
    ......
}
catch(ExceptionType ExceptionName){
```

```
        ......
    }
    finally{
        ......
    }
```

try表示执行的程序，在try中运行的程序都将会被检测，并且产生错误后会抛出异常。

catch表示如果在try语句块的程序产生了错误，并且这个错误符合catch中括号内的ExceptionType，也就是异常类型符合的话，就会中断try语句的执行，转为执行catch语句中的程序。

finally表示无论try程序中是否出现异常、catch是否执行等都不会影响finally语句的执行，换句话来说就是finally中的程序一定会执行。finally是可省略的。

在这段程序中，运行到Integer. valueOf(s)时程序必定会报错，产生错误信息，而程序抛出了这个异常后，并没有任何程序捕捉和处理它，所以程序就会直接出错，导致程序崩溃。

【例5.13】 新建一个Java项目，之后新建Main类，在类中写入如下代码。

```java
public class Main {
    public static void main(String[] args) {
        String s = "HelloJava";
        Integer.valueOf(s);
    }
}
```

之后对上述程序进行异常处理，处理后的程序代码如下。

```java
public class Main {
    public static void main(String[] args) {
        try {
            String s = "HelloJava";
            Integer.valueOf(s);
            System.out.println("程序没有错");
        } catch (Exception e) {
            System.out.println("程序报错了");
        }
            finally{
                System.out.println("这里一定会执行");
            }
    }
}
```

例5.13的编译运行结果如下。

程序报错了
这里一定会执行

通过程序得知，是Integer.valueOf(s)这段程序出现了错误，无法将"HelloJava"转换为数字，所以从这里开始中断，跳转到catch中执行，System.out.println（"程序没有错"）并不会运行到。

因为出现了异常，并且类型符合Exception，所以执行了catch中的程序，而finally中的程序是必定会执行的，产生结果如上所示。

异常的Throwable的某个派生类的对象，Throwable有两个直接派生的类，分别是Error和Exception。

Error类型的错误都是代表了不希望进行任何处理的情况，如虚拟机内存不足等异常，这些都是未受检的异常，通过操作能够从这些错误中恢复的可能性很小，所以很多时候设计程序时并不会捕捉这类错误。

Exception类派生的类都是受检异常，这类异常都能在抛出后作出妥善处理，以确保程序能够继续运行。

比较常见的Exception如下。

- 算术异常类：ArithmeticExecption

- 空指针异常类：NullPointerException

- 类型强制转换异常：ClassCastException

- 文件未找到异常：FileNotFoundException

- 输入输出异常：IOException

- 数组索引异常：ArrayIndexOutOfBoundsException

- 实例化异常：InstantiationException

3. throw关键字

上文中已经学习了异常处理，也就是系统自动抛出异常，系统抛出的异常一般是逻辑错误或者是类型错误等异常，而在程序中，也能自主抛出异常。这种异常一般用于某种逻辑时，程序员主动抛出的异常类型。

【例5.14】 新建一个Java项目，之后新建Main类，在类中写入如下代码。

```
public class Main {
    public static void main(String[] args) {
        int age = 200;
```

```
            if(age>120){
                    throw new ArithmeticException();
            }
            else {
                    System.out.println（"我的年纪是"+age);
            }
        }
    }
```

例5.14的编译运行结果如下。

```
Exception in thread "main" java.lang.ArithmeticException
        at Pratice_Main.Main.main(Main.java:11)
```

运用逻辑，通过判断数字是否大于120，如果大于120则表示数字不是想要的，这个时候就可以抛出异常进行处理，在这段程序中并没有去处理异常，所以最后执行的结果是抛出了一个异常，程序发生中断。

另外一种写法是throws。throws表示的是一个方法可能抛出的异常，并且可以写多个异常，具体写法如下。

```
<modifiers> <returnType> <functionName>(param) throws <ExceptionType1>,<ExceptionType2>
```

【例5.15】 新建一个Java项目，之后新建Main类，在类中写入如下代码。

```java
public class Main {
    public static void MyAge(String a) throws NumberFormatException{
        int A = Integer.valueOf(a);
        if(A<120){
            System.out.println（"我的年龄是"+Integer.valueOf(a));
        }
        else throw new ArithmeticException();
    }
    public static void main(String[] args) {
        try {
            MyAge（"abc"）;
        }
        catch (NumberFormatException e) {
            System.out.println（"年龄填错了"）;
        }
        catch (ArithmeticException c){
            System.out.println（"年龄太大了"）;
        }
    }
```

}

执行结果如下。

年龄填错了

这样写的好处是可以提前说明可能产生错误的异常类型，并且交给上层程序解决。

throw和throws有着很大的区别，throw出现在函数体中，并且一定会抛出异常，而throws则是出现在函数头，提示可能会出现的异常，并不一定会抛出异常。

在程序中，首先说明了可能会出现两个异常，所以在主程序的异常处理语句中可以针对可能出现的异常进行相应处理。

最后，在Java中，还可以通过继承来编写属于自己的异常类，通过继承Expection或者是Exception的某个子类，之后用throw来抛出某个异常。

【例5.16】 新建一个Java项目，之后新建MyException类以及Main类，在类中写入如下代码。

```
public class MyException  extends Exception{
        MyException(String EXP){
                //调用Exception的构造方法，也就是说将错误信息存入
                super(EXP);
        }
}
public class Main {
        public static void main(String[] args) {
                try {
                        throw new MyException（"这是我的错误信息");
                } catch (MyException e) {
                        System.out.println(e.toString());
                }
        }
}
```

例5.16的编译运行结果如下。

```
MyException: 这是我的错误信息
        at Main .main(aaa.java:10)
```

首先创建了一个继承于Exception的类MyException，因为是继承关系，所以Exception中很多都可以直接使用，所以在这里直接使用super的方法，调用父类中的构造方法，将错误信息存入，然后在主程序中直接抛出异常，并对该异常进行异常处理，这就是定义的自己的异常类的写法。

5.6　　　　　　　案 例 拓 展

仿照Case5_1中的写法，实现如果有烟雾则控制1#风扇的开启，反之则切换1#风扇状态。如果湿度大于临界值控制2#风扇开启，反之则切换2#风扇状态，如图5-34~图5-37所示。

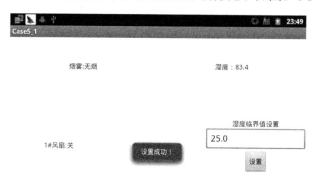

图5-34　设置湿度小于当前湿度

图5-35　当前湿度大于设置湿度，2#风扇开；检测到无烟，1#风扇关

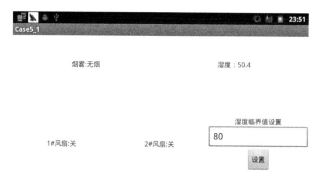

图5-36　检测到无烟，1#风扇关；湿度小于设置，2#风扇关

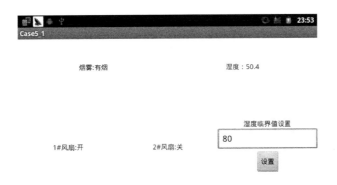

图5-37　检测有烟，1#风扇开

1. 代码开发实现

1）新建Case5_2，如图5-38所示。

2）创建新类ADAM4150和FourInput，以及这两个类的父类BasePort，并且将素材文件"第5章\Case5_2\libs"文件夹下提供的实训设备操作类库文件复制到libs文件夹中，如图5-39所示。

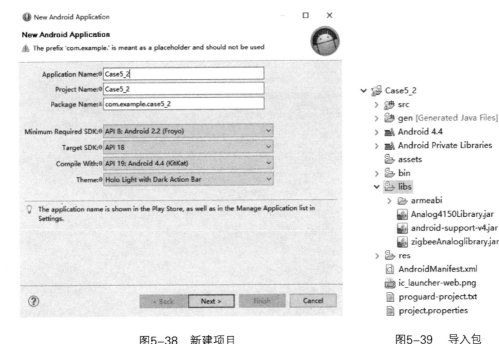

图5-38　新建项目　　　　　　　　　　图5-39　导入包

3）在BasePort中写入如下代码。

```
package com.example.case5_2;
import com.example.analoglib.Analog4150ServiceAPI;
import com.example.analoglib.AnalogHelper;
```

```java
import com.newland.zigbeelibrary.ZigBeeAnalogServiceAPI;
public class BasePort {
    public int openZigBeePort(int com,int mode,int baudRate){
        return ZigBeeAnalogServiceAPI.openPort(com, mode, baudRate);
    }
    public int openADAMPort(int com,int mode,int baudRate){
        AnalogHelper.com = Analog4150ServiceAPI.openPort(com, mode, baudRate);
        return Analog4150ServiceAPI.openPort(com, mode, baudRate);
    }
    public void closeZigBeePort(){
        ZigBeeAnalogServiceAPI.closeUart();
    }
    public void closeADAMPort(){
        Analog4150ServiceAPI.closeUart();
    }
}
```

4）修改activity_main.xml。

```xml
<LinearLayout xmlns:android=" http://schemas.android.com/apk/res/android"
    android:layout_width=" fill_parent"
    android:layout_height=" fill_parent"
    android:orientation=" vertical"  >
    <LinearLayout
        android:layout_width=" match_parent"
        android:layout_height=" wrap_content"
        android:gravity=" center"
        android:layout_weight=" 1"  >
        <LinearLayout
            android:layout_width=" wrap_content"
            android:layout_height=" match_parent"
            android:layout_weight=" 1"
            android:gravity=" center"
            android:orientation=" horizontal"  >
        <TextView
            android:id=" @+id/tvSmork"
            android:layout_weight=" 1"
            android:layout_width=" 0.0dip"
            android:layout_height=" wrap_content"
            android:gravity=" center"
            android:text=" " />
        <TextView
            android:id=" @+id/tvHum"
```

```
                android:layout_width="0.0dip"
                android:layout_weight="1"
                android:layout_height="wrap_content"
                android:gravity="center"
                android:text="" />
        </LinearLayout>
    </LinearLayout>
    <LinearLayout
        android:layout_width="match_parent"
        android:layout_height="wrap_content"
        android:gravity="center"
        android:layout_weight="1" >
        <LinearLayout
            android:layout_width="0.0dip"
            android:layout_height="match_parent"
            android:gravity="center"
            android:layout_weight="1"
            android:orientation="horizontal" >
            <TextView
                android:layout_width="wrap_content"
                android:layout_height="wrap_content"
                android:text="1#风扇:" />
            <TextView
                android:id="@+id/tvFan1"
                android:layout_width="wrap_content"
                android:layout_height="wrap_content"
                android:text="开" />
        </LinearLayout>
<LinearLayout
                android:layout_width="0.0dip"
                android:layout_height="match_parent"
                android:gravity="center"
                android:layout_weight="1"
                android:orientation="horizontal" >
                <TextView
                android:layout_width="wrap_content"
                android:layout_height="wrap_content"
                android:text="2#风扇:" />
        <TextView
            android:id="@+id/tvFan2"
            android:layout_width="wrap_content"
```

```
                        android:layout_height=" wrap_content"
                        android:text=" 开" />
            </LinearLayout>
            <LinearLayout
                android:layout_width=" 0.0dip"
                android:layout_weight=" 1"
                android:layout_height=" match_parent"
                android:gravity=" center"
                android:orientation=" horizontal"  >
                <LinearLayout
                        android:layout_width=" match_parent"
                        android:layout_height=" match_parent"
                android:gravity=" center"
                    android:orientation=" vertical"  >
                <TextView
                        android:layout_width=" wrap_content"
                        android:layout_height=" wrap_content"
                        android:text=" 湿度临界值设置" />
                <EditText
                        android:id=" @+id/etSetHum"
                        android:layout_width=" match_parent"
                        android:inputType=" number"
                        android:text=" 200.0"
                        android:layout_height=" wrap_content"  >
                        <requestFocus />
                </EditText>
                <Button
                        android:id=" @+id/btnSetHum"
                        android:layout_width=" wrap_content"
                        android:layout_height=" wrap_content"
                        android:onClick=" myClick"
                        android:text=" 设置" />
            </LinearLayout>
            </LinearLayout>
        </LinearLayout>
</LinearLayout>
```

5）完成FourInput。

```
package com.example.case5_2;
import com.newland.zigbeelibrary.ZigBeeAnalogServiceAPI;
import com.newland.zigbeelibrary.ZigBeeService;
import com.newland.zigbeelibrary.response.OnHumResponse;
```

```
import com.newland.zigbeelibrary.response.OnLightResponse;
import com.newland.zigbeelibrary.response.OnTemperatureResponse;
public class FourInput extends BasePort {
    private double mHum = 0.0;
    public static int mFourInput_fd = 0;
    public FourInput (int com,int mode,int baudRate){
        mFourInput_fd = openZigBeePort(com, mode, baudRate);
        ZigBeeAnalogServiceAPI.getHum(null, null);
        ZigBeeAnalogServiceAPI.getHum("Hum", new OnHumResponse() {
            @Override
            public void onValue(String arg0) {
            }
            @Override
            public void onValue(double arg0) {
                mHum = arg0;
            }
        });
        ZigBeeService mZigBeeService = new ZigBeeService();
        mZigBeeService.start();
    }
    public double getHum(){
        return mHum;
    }
}
```

6）完成ADAM4150。

```
package com.example.case5_2;
import com.example.analoglib.Analog4150ServiceAPI;
import com.example.analoglib.OnFireResponse;
import com.example.analoglib.OnPersonResponse;
import com.example.analoglib.OnSmorkResponse;
import com.example.analoglib.ReceiveThread;
public class ADAM4150 extends BasePort{
    private final char[] open1Fen = {0xFF,0xF5,0x05,0x02,0x34,0x12,0x00,0x01,0x00};
    private final char[] close1Fen = { 0x01, 0x05, 0x00, 0x10, 0x00, 0x00,0xCC, 0x0F };
    private final char[] open2Fen = { 0x01, 0x05, 0x00, 0x11, 0xFF, 0x00, 0xDC,0x3F };
    private final char[] close2Fen = { 0x01, 0x05, 0x00, 0x11, 0x00, 0x00,0x9D, 0xCF };
    public static int mADAM4150_fd = 0;
    private boolean reSmork;
    public ADAM4150 (int com,int mode,int baudRate){
        //打开串口
        mADAM4150_fd = openADAMPort(com, mode, baudRate);
```

```
            ReceiveThread mReceiveThread = new ReceiveThread();
            mReceiveThread.start();
            //设置烟雾回调函数，烟雾传感器接入DI1
            Analog4150ServiceAPI.getSmork（"smork"，new OnSmorkResponse() {
                @Override
                public void onValue(String arg0) {
                }
                @Override
                public void onValue(boolean arg0) {
                    reSmork = !arg0;
                }
            });
        }
        // 获取烟雾
        public boolean getSmork(){
                return reSmork;
        }
        //打开1#风扇
        public void openFan1(){
            Analog4150ServiceAPI.sendRelayControl(open1Fen);
        }
        //打开2#风扇
        public void openFan2(){
            Analog4150ServiceAPI.sendRelayControl(open2Fen);
        }
        //关闭1#风扇
        public void closeFan1(){
            Analog4150ServiceAPI.sendRelayControl(close1Fen);
        }
        //关闭2#风扇
        public void closeFan2(){
            Analog4150ServiceAPI.sendRelayControl(close2Fen);
        }
    }
```

7）完成主程序MainActivity。

```
package com.example.case5_2;
import java.text.DecimalFormat;
import java.util.ArrayList;
import com.example.analoglib.Analog4150ServiceAPI;
import com.example.analoglib.AnalogHelper;
import com.example.case5_2.R;
```

```java
import android.app.Activity;
import android.os.Bundle;
import android.os.Handler;
import android.util.Log;
import android.view.View;
import android.widget.Button;
import android.widget.EditText;
import android.widget.TextView;
import android.widget.Toast;
public class MainActivity extends Activity {
    private TextView mTvHum,mTvFan1,mTvFan2,mTvSmork;
    private EditText mEtSetHum;
    private double mSetHum = 25.0;
    //定义一个数组储存一分钟内的湿度
    private ArrayList<Double> mHum = new ArrayList<Double>();
    //声明两个类
    private ADAM4150 mAdam4150;
    private FourInput mFourInput;
    @Override
    protected void onCreate(Bundle savedInstanceState) {
        super.onCreate(savedInstanceState);
        setContentView(R.layout.activity_main);
        initView();
        mAdam4150 = new ADAM4150(1, 0, 3);
        mFourInput = new FourInput(2, 0, 5);
        mHandler.postDelayed(mRunnable, ms);
    }
    private void initView() {
        mTvHum = (TextView) findViewById(R.id.tvHum);
        mTvFan1 = (TextView) findViewById(R.id.tvFan1);
        mTvFan2 = (TextView) findViewById(R.id.tvFan2);
        mTvSmork = (TextView) findViewById(R.id.tvSmork);
        mEtSetHum = (EditText)findViewById(R.id.etSetHum);
    }
    private int ms = 1000;
    private Handler mHandler = new Handler();
    private Runnable mRunnable = new Runnable() {
        @Override
        public void run() {
            mHandler.postDelayed(mRunnable, ms);
            //如果为真则显示有烟，反之则显示无烟
            mTvSmork.setText(mAdam4150.getSmork()? "有烟":"无烟");
            //mTvPerson.setText("有烟");
```

```
//设置当前湿度值
mTvHum.setText("湿度："+mFourInput.getHum());
//将湿度存入数组中
mHum.add(mFourInput.getHum());
//超过60s则移除第一秒的数据
if(mHum.size()>=60){
        mHum.remove(0);
}
for (int i = 0; i < mHum.size(); i++) {
        //输出数组中的数据
        Log.i("Hum","第"+(i+1)+"秒    "+mHum.get(i).toString());
}
//如果为真则开风扇，反之则关闭风扇
 if(mAdam4150.getSmork()){
        mTvFan1.setText("开");
        mAdam4150.openFan1();
 }else{
        mTvFan1.setText("关");
        mAdam4150.closeFan1();
 }
 try {
 //令线程等待200ms，必须加try catch语句以防止Thread.sleep出错
        Thread.sleep(200);
 } catch (InterruptedException e) {
        e.printStackTrace();
 }
 if(mFourInput.getHum()>mSetHum){
        mTvFan2.setText("开");
        mAdam4150.openFan2();
 }else{
        mTvFan2.setText("关");
        mAdam4150.closeFan2();
 }
 Analog4150ServiceAPI.send4150();
    }
};
public void myClick(View v){
    switch (v.getId()) {
    case R.id.btnSetHum:
        mSetHum = Double.parseDouble(mEtSetHum.getText().toString());
    Toast.makeText(MainActivity.this, "设置成功！",Toast.LENGTH_SHORT).show();
        mAdam4150.openFan2();
        break;
```

```
            default:
                    break;
            }
    }
    public String format(double data) {
            DecimalFormat df = new DecimalFormat( "0.00" );
            return df.format(data);



    }
    // 析构函数
    @Override
    protected void onDestroy() {
        //以下是重载onDestroy方法
        super.onDestroy();
         //以下是重写onDestroy
        if(mAdam4150!=null){
            mAdam4150.closeADAMPort();
        }
         if(mFourInput!=null){
            mFourInput.closeADAMPort();
        }
    }
}
```

8）新建com.newland.jni包，如图5-40所示。

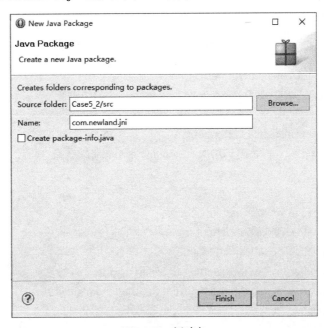

图5-40　新建包

9）新建Linuxc类，如图5-41所示。

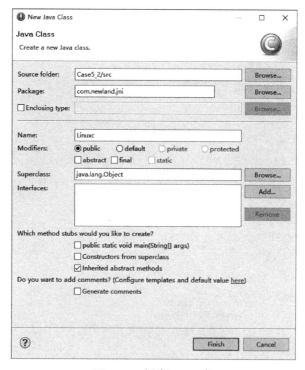

图5-41　新建Linuxc类

10）完成Linuxc。

```
package com.newland.jni;
import android.util.Log;
public class Linuxc {
    static{
        try{
            System.loadLibrary（"uart"）;
            Log.i（"JIN"，"Trying to load libuart.so"）;
        }
        catch(UnsatisfiedLinkError ule){
            Log.e（"JIN"，"WARNING:could not load libuart.so"）;
        }
    }
    public static native int openUart(int i, int j);
    public static native void closeUart(int fd);
    public static native int setUart(int fd,int i);
    public static native int sendMsgUart(int fd,String msg);
    public static native int sendMsgUartHex(int fd,String msg, int len);
    public static native int sendMsgUartPrint(int fd,byte [] bs, int len);
    public static native String  receiveMsgUart(int fd);
```

```
public static native String  receiveMsgUartHex(int fd);
public static native String  receiveMsgUartStr(int fd);
public static native String  ModBusReceiveMsgUartUts(int fd);
public static native int  ModBusSendMsgUart(int fd,String msg);
//zigbee
public static native int receiveMsgUartHex(int fd, int Length,byte[] pBuffer);


}
```

本章小结

本章讲述了面向对象的使用。面向对象是一种程序开发的方法，在使用面向对象方法编程的时候，需要理解对象的概念以及对象的状态和行为。通过面向对象，可以使复杂的程序变得简单易懂，更可以使程序变得灵活、便于维护。

面向对象在学习的时候应该注意以下几点。

1）面向对象是一种概念，要了解什么是对象。在使用面向对象编程时要以对象为中心，并且通过消息传递来完成程序间的交流。

2）类是面向对象的重要概念，也是一个比较抽象的概念，创建一个类就相当于创建了一个对象，之后在这个对象中创建方法和变量，通过实例化的方法调用。

3）在创建类的时候应使用合适的访问修饰符，了解各个访问修饰符之间的区别，通过访问修饰符可以控制类成员的作用域，使程序变得更严谨和安全。

4）构造函数用于初始化对象，一个类可以有多个构造方法，一个构造方法可以有多个参数，但一个类中各个构造方法的参数不能一致。

5）类的实例化是将一个对象从概念转换为实体的过程，通过实例化对象才可以让对象成员被使用。

6）在类中使用静态修饰符修饰一个成员时，表示该成员是可以被该类的所有成员共享的，因此即使被多次实例化，该成员也不会被多次新建。

7）封装的作用是可以将一些私有的数据和公有的数据区分开，有效减少程序的复杂性，提升安全性，如果希望某个变量不能被外部访问，需要特定方法才能够访问，则可以使用封装让数据无法被外部直接获取。

8）继承是一个新的对象从一个原有的对象中获取该对象的特性的过程，可以省去重复方法的编写，使代码更加简洁。继承的类称为派生类，被继承的类称为基类，类可以被多个类继承，但是一个派生类不能同时继承多个类。

9）重载通过参数不同来区别各方法，当有一个方法需要使用到多种表达时可以使用重载的方法创建多个同名函数，在被实例化时通过参数来实现不同的功能。

10）在继承时如果需更改父类中已有的方法，则可使用重写对父类中已有方法进行重新更改。在方法前可以加@override，但@override并没有实际用处，仅用于判断是否与基类中的同名方法相同。

11）抽象类是专门用于父类的，在抽象类中可以只写方法而不完成功能，但是需要使用abstract关键字声明，之后在被派生类继承时会自动生成函数进行重写。

12）接口的本质是相关常量和抽象方法的集合，在接口中只需要定义名称参数和返回类型。常量的修饰符final，表示声明的成员是无法被更改的。

13）异常中try表示正常执行的程序，catch表示异常发生时的处理程序，finally表示必定执行的程序，在异常中finally是可以被省略的。

14）throw出现于函数体中，表示主动抛出异常，throws出现于函数头，表示可能出现的异常，两个关键字之间有着根本的区别。

习题

1. 选择题

1）关于下列对Java语言的叙述，有问题的是（　　　）。

　　A. Java语言是一种面向对象的语言

　　B. Java语言中类允许多继承

　　C. Java语言中接口允许多继承

　　D. Java语言是跨平台应用程序设计语言

2）关于下列对面向对象的叙述，有问题的是（　　　）。

　　A. 类是面向对象最重要的概念之一　　　　B. 对象就是变量和方法的集合

　　C. 面向对象就是类　　　　　　　　　　　D. 类是面向对象的抽象集合

3）关于下列对类的叙述，有问题的是（　　　）。

　　A. 类可以有多个构造函数

　　B. 类允许省略访问修饰符

C. 静态类必须实例化后才能够使用

D. private访问修饰符表示类成员只能被该类成员函数访问

4）关于下列对面向对象特性叙述，有问题的是（　　　）。

A. 封装就是将程序的过程和数据封装起来，成为一个对象

B. 继承类后，新对象被称为派生类

C. 接口必须是抽象方法和常量

D. 重载是在派生类中修改继承的方法

5）关于下列对异常叙述，有问题的是（　　　）。

A. 异常只能由系统自动抛出

B. 异常处理能够让程序从异常中恢复

C. throws的用处是提示可能出现的异常

D. try语句块中执行的是可能会出现异常的程序

6）关于下列构造方法的说法，正确的是（　　　）。

A. 类中的构造方法可以有多个

B. 构造方法可以和类同名，也可以和类名不同

C. 构造方法只能由对象中的其他方法调用

D. 构造方法在类定义时被调用

7）所有的异常类继承于（　　　）。

A. java.lang.Enum   B. java.lang.Throwable

C. java.lang.Exception   D. java.lang.Error

2. 实践题

仿照Case5_1中实现的功能，完成对当前火焰的检测，当火焰传感器发现火焰触发事件时开启1#风扇，反之关闭1#风扇。设置光照最大临界值和最小临界值，当光照小于最大临界值和最小临界值时关闭2#风扇，反之，当光照大于最大临界值或者小于最小临界值时，关闭2#风扇。

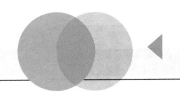

Chapter 6

第6章

温度湿度实时更新系统程序开发

6.1	案 例 展 现

通过Handler发送message（温度、湿度、光照）的值给主线程，让UI主线程更新界面。案例运行效果如图6-1所示。

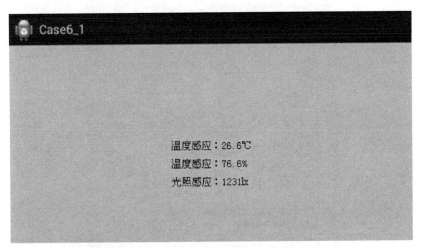

图6-1 温度、湿度、光照实时更新系统运行效果

6.2 线 程 概 述

人们在日常生活中做很多任务的时候通常使用两种方式来完成，串行和并行。串行是指将多项任务按照时间排序，做完一件再做下一件。并行是指在同一时间同时做多个任务。哪种方式效率更高呢？当然是并行。

计算机采用很有效率的方法，现代计算机使用的操作系统几乎都是以多任务执行程序的，即能够同时执行多个应用程序。例如，在编写Java程序的同时可以听音乐、聊天等。

在多任务系统中，每个独立执行的程序称为进程。图6-2所示为计算机任务管理器中的多个进程，从中可以看出同时段内有多个进程在执行。

在Java中，线程由三部分组成：虚拟的CPU、代码和数据。

1）虚拟的CPU：专门用于执行线程的任务，Java中由java.lang.Thread类封装和虚拟。

2）代码：线程中执行的指令，即程序中特定的方法，Java中构造Thread类时，传递给Thread类对象。

3）数据：线程中要处理的数据，即程序中的变量。

图6-2　Windows中的多进程状态

线程是一个动态的执行过程，就如人的生、老、病、死，一个线程的生命周期要经历创建、就绪、运行、挂起、终止5种状态，通过控制和调度可以使线程在这几种状态之间进行转换，如图6-3所示。

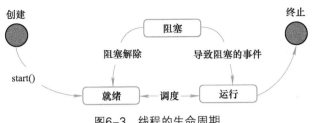

图6-3　线程的生命周期

（1）新建（New Thread）　当创建Thread类的一个实例（对象）时，此线程进入新建状态（未被启动）。例如，Thread t1=new Thread()。

（2）就绪（Runnable）　线程已经被启动，正在等待被分配给CPU时间片，也就是说此时线程正在就绪队列中排队等候得到CPU资源。例如，t1.start()。

（3）运行（Running）　线程获得CPU资源正在执行任务（run()方法），此时除非此线程自动放弃CPU资源或者有更高优先级的线程进入，线程将一直运行到结束。

（4）死亡（Dead）　当线程执行完毕或被其他线程杀死，线程就进入死亡状态，这时线程不可能再进入就绪状态等待执行。

自然终止：正常运行run()方法后终止。

异常终止：调用stop()方法让一个线程终止运行。

（5）堵塞（Blocked）　由于某种原因导致正在运行的线程让出CPU并暂停自己的执行，即进入堵塞状态。

一个睡眠着的线程在指定的时间过去之后，可进入就绪状态。

正在等待：调用wait()方法（调用notify()方法回到就绪状态）。

被另一个线程所阻塞：调用suspend()方法（调用resume()方法恢复）。

1. 进程和线程

在理解线程前，需要先区分进程和线程，例如，当打开一个Word文档，编写一个"工作计划.doc"的时候就是打开一个进程，而要打印工作计划的时候就是开启了Word中的打印线程。线程是比进程更小的单元，进程和线程的关系如图6-4所示。

（1）进程　进程是指每个独立程序在计算机上的一次执行活动。例如，运行中的记事本程序、运行中的音乐播放器程序等。运行一个程序，就是启动了一个进程。多进程就是允许多窗口操作。

（2）线程　线程是比进程更小的执行单元，基于线程的多任务处理就是一个程序可以执行多个任务，如当前流行的视频播放软件，可以一边下载，一边播放，这就是存在下载和播放两个线程。

线程是进程的一个实体,是CPU调度和分派的基本单位,是比进程更小的能独立运行的基本单位。

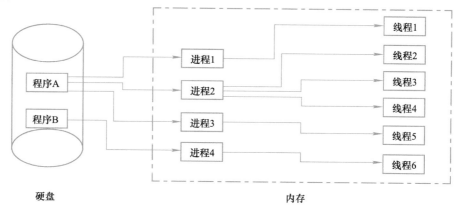

图6-4　线程与进程的关系

进程和线程的关系如下。

1）一个线程只能属于一个进程,而一个进程可以有多个线程,但至少有一个线程。

2）资源分配给进程,同一进程的所有线程共享该进程的所有资源。

3）处理器分给线程,即真正在处理器上运行的是线程。

4）线程在执行过程中,需要协作同步。不同进程的线程间要利用消息通信的办法实现同步。

进程与线程的区别如下。

1）调度:线程作为调度和分配的基本单位,进程作为拥有资源的基本单位。

2）并发性:不仅进程之间可以并发执行,同一个进程的多个线程之间也可并发执行。

3）拥有资源:进程是拥有资源的一个独立单位,线程不拥有系统资源,但可以访问隶属于进程的资源。

4）系统开销:在创建或撤销进程时,由于系统都要为之分配和回收资源,导致系统的开销明显大于创建或撤销线程时的开销。但是进程有独立的地址空间,一个进程崩溃后,在保护模式下不会对其他进程产生影响,而线程只是一个进程中的不同执行路径。线程有自己的堆栈和局部变量,但线程之间没有单独的地址空间,一个进程死掉就等于所有的线程死掉,所以多进程的程序要比多线程的程序健壮,但在进程切换时,耗费资源较大,效率要低一些。

比较之后可得出如下结论。

1）线程是进程的一部分。

2）CPU调度的是线程。

3）系统为进程分配资源，不对线程分配资源。

2．Android主线程

在一个Android程序开始运行的时候，会单独启动一个进程。在默认的情况下，所有这个程序中的Activity或者Service都会在这个进程中运行。一个Android程序默认情况下只有一个进程，但一个进程下却可以有许多个线程。在这么多线程当中，有一个线程，称为UI线程。UI线程在Android程序运行的时候就被创建，是一个进程当中的主线程（Main Thread），主要负责控制UI界面的显示、更新和控件交互。这个主线程负责向UI组件分发事件（包括绘制事件），也是在这个主线程里，用户的应用和Android的UI组件发生交互。所以main thread也叫UI thread，即UI线程。

系统不会为每个组件单独创建线程，在同一个进程里的UI组件都会在UI线程里实例化，系统对每一个组件的调用都从UI线程分发出去。

结果就是，响应系统回调的方法（如响应用户动作的onKeyDown()和各种生命周期回调）永远都是在UI线程里运行。

当App做算法复杂的程序时，应采用多线程。

特别的是，如果所有的工作都在UI线程，做一些比较耗时的工作如访问网络或者数据库查询，则都会阻塞UI线程，导致事件停止分发（包括绘制事件）。对于用户来说，应用看起来像是卡住了，更坏的情况是，如果UI线程Blocked的时间太长（大约超过5s），用户就会看到ANR（Application Not Responding）的对话框。

另外，Andoid UI toolkit并不是线程安全的，所以不能从非UI线程来操纵UI组件。必须把所有的UI操作放在UI线程里，所以Android的单线程模型有以下两条原则。

1）不要阻塞UI线程。

2．不要在UI线程之外访问Android UI Toolkit（主要是这两个包中的组件：android.widget和android.view）。

6.3   线程类（Thread）

Thread类是Java提供的用来创建线程的父类，综合了线程所需要的属性和方法，可以使用该类创建线程、进行线程的操作和设置线程优先级等，下面介绍线程常用的属性和方法。

1. Thread的属性和方法

java.lang.Thread类就是线程实现类，提供的常用属性见表6-1。

表6-1　线程中的常用属性

方　法　名	功　能　描　述
ApartmentState	获取或设置此线程的单元状态
CurrentContext	获取线程正在其中执行的当前上下文
CurrentCulture	获取或设置当前线程的区域性
CurrentPrincipal	获取或设置线程的当前负责人（对基于角色的安全性而言）
CurrentThread	获取当前正在运行的线程
CurrentUICulture	获取或设置资源管理器使用的当前区域性以便在运行时查找区域性特定的资源
ExecutionContext	获取一个ExecutionContext对象，该对象包含有关当前线程的各种上下文的信息
IsAlive	获取一个值，该值指示当前线程的执行状态
IsBackground	获取或设置一个值，该值指示某个线程是否为后台线程
IsThreadPoolThread	获取一个值，该值指示线程是否属于托管线程池
ManagedThreadId	获取当前托管线程的唯一标识符
Name	获取或设置线程的名称
Priority	获取或设置一个值，该值指示线程的调度优先级
ThreadState	获取一个值，该值包含当前线程的状态

Thread提供的常用方法见表6-2。

表6-2　线程中的常用方法

方　法　名	功　能　描　述
Abort	在调用此方法的线程上引发ThreadAbortException，以开始终止此线程的过程。调用此方法通常会终止线程
AllocateDataSlot	在所有线程上分配未命名的数据槽
AllocateNamedDataSlot	在所有线程上分配已命名的数据槽
BeginCriticalRegion	通知宿主执行将要进入一个代码区域，在该代码区域内线程中止或未处理的异常的影响可能会危害应用程序域中的其他任务
BeginThreadAffinity	通知宿主托管代码将要执行依赖于当前物理操作系统线程的标识的指令

（续）

方　法　名	功　能　描　述
EndThreadAffinity	通知宿主托管代码已执行完依赖于当前物理操作系统线程的标识的指令
Equals	确定两个ObJect实例是否相等
FreeNamedDataSlot	为进程中的所有线程消除名称与槽之间的关联
GetApartmentState	返回一个ApartmentState值，该值指示单元状态
GetCompressedStack	返回一个CompressedStack对象，该对象可用于捕获当前线程的堆栈
GetData	在当前线程的当前域中从当前线程上指定的槽中检索值
GetDomain	返回当前线程正在其中运行的当前域
GetDomainID	返回唯一的应用程序域标识符
GetHashCode	返回当前线程的散列代码
GetNamedDataSlot	查找已命名的数据槽
GetType	获取当前实例的Type
Interrupt	中断处于WaitSleepJoin线程状态的线程
Join	阻止调用线程，直到某个线程终止时为止
MemoryBarrier	同步内存。其效果是将缓存内存中的内容刷新到主内存中，从而使处理器能执行当前线程
ReferenceEquals	确定指定的ObJect实例是否为相同的实例
ResetAbort	取消为当前线程请求的Abort
Resume	继续已挂起的线程
SetApartmentState	在线程启动前设置其单元状态
SetCompressedStack	对当前线程应用捕获的CompressedStack
SetData	在当前正在运行的线程上为此线程的当前域在指定槽中设置数据
Sleep	将当前线程阻止指定的毫秒数
SpinWait	导致线程等待由iterations参数定义的时间量
Start	使线程被安排进行执行
Suspend	挂起线程，或者如果线程已挂起，则不起作用
ToString	返回表示当前ObJect的String
TrySetApartmentState	在线程启动前设置其单元状态
VolatileRead	读取字段值。无论处理器的数目或处理器缓存的状态如何，该值都是由计算机的任何处理器写入的最新值
VolatileWrite	立即向字段写入一个值，以使该值对计算机中的所有处理器都可见

2. 创建和启动新线程

Java中提供了两种创建新线程的方法。

1）将类定义为Thread的子类，并重写run()方法。再使用子类对象调用start()方法启动线程，将执行权转交给run()方法。

【例6.1】 下面使用继承Thread类来创建线程并启动线程。

```
public class Thread1 extends Thread{//继承Thread类
public void run(){//重写run()方法，编写代码
System.out.println(this.getName());
    }
public static void main(String args[]){
System.out.println(Thread.currentThread().getName());
        Thread1 thread1 = new Thread1();//创建线程对象1
        Thread1 thread2 = new Thread1();//创建线程对象2
thread1.start();//启动线程
thread2.start();//启动线程
    }
}
```

例6.1的运行结果如下。

```
main
Thread-0
Thread-1
```

注意，程序中两个线程并发执行时，每次的执行结果是会变化的。这是因为，如果多个没有同步约束关系的线程并发执行，则调度线程将不能保证哪个线程先执行及其持续的时间，在不同平台上，或在同一平台上不同时刻的多次运行可能会得到不同的结果。

Java中对于线程启动后唯一能够保障的就是：每个线程都将启动，每个线程都会执行结束。但谁会先执行谁会后执行，将没有保障，也就是说，就算一个线程在另一个线程之前启动，也无法保障该线程一定在另一个线程之前执行完毕。

例6.1的程序分析如下。

① 任何一个Java程序都必须有一个主线程。主线程的线程执行体不是由run()方法来确定的，而是由main()方法来确定的：main()方法的方法体代表主线程的线程执行体。

② 例6.1中用到线程的以下两个方法。

Thread.currentThread()：currentThread()是Thread类的静态方法，该方法总是返回当前正在执行的线程对象的引用。

getName()：该方法是Thread类的实例方法，该方法返回调用该方法的线程的名字。

③ 程序可以通过setName（String name）方法为线程设置名字，也可以通过getName()方法返回指定线程的名字。在默认情况下，主线程的名字为main，用户启动的多条线程的名字依次为Thread-0、Thread-1、Thread-2、…、Thread-n等。

④ 一个线程只能被启动一次，否则会抛出Java.lang.IllegalThreadStateException异常。

2）定义实现接口Runnable的类。重写接口中的抽象方法run()方法，然后把这个接口实现类的对象作为参数传入Thread的构造方法中，来创造一个新线程。

【例6.2】 下面使用Runnable接口实现类来创建线程并启动线程。

```
public class MyRunnable implements Runnable{
public void run(){
System.out.println(Thread.currentThread().getName());
    }
public static void main(String args[]){
        MyRunnable r1 = new MyRunnable();
        MyRunnable r2 = new MyRunnable();
        MyRunnable r3 = new MyRunnable();
        Thread thread1 = new Thread(r1,"MyThread1");
        Thread thread2 = new Thread(r2);
thread2.setName("MyThread2");
        Thread thread3 = new Thread(r3);
thread1.start();
thread2.start();
thread3.start();
    }
}
```

例6.2的运行结果如下。

```
main
Thread-0
Thread-1
```

例6.2的程序分析如下。

从以上结果可以看出：新线程1和新线程2分别操纵不同的SecondThread对象的实例变量。

注意，Thread类本身也实现了Runnable接口，因此Thread类及其子类的对象也可以作为目标传递给新的线程对象。

3）两种创建线程方式的比较。

采用继承Thread类方式的优缺点如下。

优点：编写简单，如果需要访问当前线程，无需使用Thread.currentThread()方法，直接使用this即可获得当前线程。

缺点：因为线程类已经继承了Thread类，所以不能再继承其他父类。

采用实现Runnable接口方式的优缺点如下。

优点：线程类只是实现了Runable接口，还可以继承其他的类。在这种方式下，多个线程可以共享同一个目标（Target）对象，所以非常适合多个相同线程来处理同一份资源的情况，从而可以将CPU代码和数据分开，形成清晰的模型，较好地体现了面向对象的思想。

缺点：编程稍微复杂，如果需要访问当前线程，则必须使用Thread.currentThread()方法。

3. 子线程的休眠、中断

在线程体中使用sleep()方法让线程进入休眠状态，sleep()方法的参数为一个毫秒数，是让当前线程休眠的时间，休眠时间结束，线程会重新进入竞争CPU的运行状态。

【例6.3】 编写threadSleep.Java程序，休眠其中的一个线程。

```java
public class ThSleep {
public static void main(String[] args) {
    System.out.println("开始执行主线程");
    Thread xc1=new Thread(new SleepRunner());
    xc1.setName("休眠线程");
    xc1.start();
    System.out.println("休眠线程开始执行");
    Thread xc2=new Thread(new NormalRunner());
    xc2.setName("正常运行线程");
    xc2.start();
    System.out.println("正常线程执行结束");
}
}
class SleepRunner implements Runnable{
public void run(){
    try{
        Thread.sleep(1);//线程休眠10ms
        }catch(Exception e){

        }
    //要在线程中执行的代码
    for(int i=0;i<1000;i++){
        System.out.println(Thread.currentThread().getName()+"第"+i+"次被执行。");
```

```
        }
    }


    }
class NormalRunner implements Runnable{
public void run(){
        //要在线程中执行的代码
        for(int i=0;i<1000;i++){
            System.out.println(Thread.currentThread().getName()+"第"+i+"次被执行。");
        }
    }
    }
```

例6.3的运行结果如下。

开始执行主线程

休眠线程开始执行

正常线程执行结束

正常运行线程第0次被执行。

正常运行线程第1次被执行。

正常运行线程第2次被执行。

正常运行线程第3次被执行。

正常运行线程第4次被执行。

正常运行线程第5次被执行。

正常运行线程第6次被执行。

正常运行线程第7次被执行。

正常运行线程第8次被执行。

正常运行线程第9次被执行。

正常运行线程第10次被执行。

……

程序运行结果分析：如果读者希望看到线程交替进行的结果，则需要将休眠时间减小，线程执行时间加长。

【例6.4】 使用继承Thread类的方法编写threadSleep.Java程序，休眠其中的一个线程。

```
public class ThSleep {
public static void main(String[] args) {
        System.out.println("开始执行主线程");
        SleepRunner xc1=new SleepRunner();
        xc1.setName("休眠线程");
        xc1.start();
        System.out.println("休眠线程开始执行");
```

```
        NormalRunner xc2=new NormalRunner();
        xc2.setName("正常运行线程");
        xc2.start();
        System.out.println("正常线程执行结束");
    }
}
class SleepRunner extends Thread{
public void run(){
    try{
        Thread.sleep(1);//线程休眠10ms
    }catch(Exception e){

    }
    //在线程中执行的代码
    for(int i=0;i<1000;i++){
        System.out.println(Thread.currentThread().getName()+"第"+i+"次被执行。");
    }
}
}
class NormalRunner extends Thread{
public void run(){
    //在线程中执行的代码
    for(int i=0;i<1000;i++){
        System.out.println(Thread.currentThread().getName()+"第"+i+"次被执行。");
    }
}
}
```

例6.4的运行结果如下。

开始执行主线程
休眠线程开始执行
正常线程执行结束
正常运行线程第0次被执行。
正常运行线程第1次被执行。
正常运行线程第2次被执行。
正常运行线程第3次被执行。
正常运行线程第4次被执行。
正常运行线程第5次被执行。
……
正常运行线程第432次被执行。
正常运行线程第433次被执行。
休眠线程第0次被执行。

正常运行线程第434次被执行。

休眠线程第1次被执行。

正常运行线程第435次被执行。

休眠线程第2次被执行。

正常运行线程第436次被执行。

正常运行线程第437次被执行。

正常运行线程第438次被执行。

正常运行线程第439次被执行。

正常运行线程第440次被执行。

……

正常运行线程第533次被执行。

正常运行线程第534次被执行。

休眠线程第3次被执行。

休眠线程第4次被执行。

休眠线程第5次被执行。

休眠线程第6次被执行。

休眠线程第7次被执行。

正常运行线程第535次被执行。

正常运行线程第536次被执行。

……

休眠线程第996次被执行。

休眠线程第997次被执行。

休眠线程第998次被执行。

休眠线程第999次被执行。

在线程体中使用interrupt()方法中断线程。若要运行已经中断的线程则可以使用start()重新启动。

首先，下面来看看Thread类中跟线程中断有关系的三个方法，见表6-3。

表6-3　线程中断相关的常用方法

方 法 名	功 能 描 述
Publicstatic boolean interrupted	测试当前线程是否已经中断。线程的中断状态由该方法清除。换句话说，如果连续两次调用该方法，则第二次调用将返回 false（在第一次调用已清除了其中断状态之后，且第二次调用检验完中断状态前，当前线程再次中断的情况除外）
public boolean isInterrupted()	测试线程是否已经中断。线程的中断状态不受该方法的影响
public void interrupt()	中断线程

【例6.5】 创建线程体，测试中断线程的效果。

```
public class TestInterrupt {
public static void main(String[] args) {
    Thread t = new MyThread();
```

```
        t.start();

        t.interrupt();

        System.out.println("已调用线程的interrupt方法");

    }

    static class MyThread extends Thread {

    public void run() {

        int num = longTimeRunningNonInterruptMethod(2, 0);

        System.out.println("长时间任务运行结束,num=" + num);

        System.out.println("线程的中断状态:" + Thread.interrupted()); //显示线程中断状态的属性，true
表示中断，false表示不中断。

    }

    private static int longTimeRunningNonInterruptMethod(int count, int initNum) {

        for(int i=0; i<count; i++) {

            for(int j=0; j<Integer.MAX_VALUE; j++) {

            initNum ++;

            }

        }

        return initNum;

    }

    }

    }
```

例6.5的运行结果如下。

已调用线程的interrupt方法
长时间任务运行结束,num=-2
线程的中断状态:true

例6.5的运行结果分析如下。

从运行结果可见，调用线程对象的interrupt()方法并不一定就中断了正在运行的线程，它只是要求线程自己在合适的时机中断自己。每个线程都有一个boolean的中断状态（不一定就是对象的属性，事实上，该状态也确实不是Thread的字段），interrupt方法只是将该状态置为true。

4. 建立线程类

通过上面的学习，已经知道了实现多线程的两种方法：一是通过继承Thread类来创建，二是通过向Thread类传递一个Runnable对象来实现。下面再通过两个具体的例子来进一步巩固多线程创建的方法。

【例6.6】 编写生产者类、消费者类及共享资源类，然后用主类来测试同步问题。

例6.6程序分析：生产者将产品交给共享资源区，而消费者从共享资源区将产品消费掉，生产者每生产一个产品需要花费500ms，消费者每消费一个产品也需要花费500ms，生产者生产出来产品，消费者才可以消费。

例6.6的实现步骤如下。

1）创建生产者进程类，代码如下。

```java
class Producer extends Thread{
private Shares Shares;
private int number;
public Producer(Shares c,int number){
    Shares=c;
    this.number=number;
}
public void run(){
    for(int i=0;i<10;i++){
        Shares.put(i);
        System.out.println("生产者生产产品数量: "+i);
        try{
        sleep(500);
        }catch(InterruptedException e){}
    }

}
```

2）创建共享资源类，代码如下。

```java
class Shares{
private int seq;
private boolean a=false;
public synchronized int get(){
    while(a==false){
        try{
            wait();
        }catch(InterruptedException e){}
    }
    a=false;
    notify();
    return seq;
}
public synchronized void put(int value){
    while(a==true){
        try{
```

```
            wait();
        }catch(InterruptedException e){}
    }
    seq=value;
    a=true;
    notify();


}
}
```

3）创建消费者进程类，代码如下。

```
class Consumer extends Thread{
private Shares Shares;
private int number;
public Consumer(Shares c,int number){
    Shares=c;
    this.number=number;
}
public void run(){
    int value=0;
    for(int i=0;i<10;i++){
        value=Shares.get();
        System.out.println("消费者消费产品数量: "+i);
        try{
        sleep(500);
        }catch(InterruptedException e){}
    }
}


}
```

4）编写主程序，代码如下。

```
public class Producer_Main{
public static void main(String[] args){
    Shares c=new Shares();
    Producer p=new Producer(c,1);
    Consumer co=new Consumer(c,1);
    p.start();
    co.start();
}
}
```

例6.6的程序运行结果如下。

消费者消费产品数量：0

生产者生产产品数量：0

生产者生产产品数量：1

消费者消费产品数量：1

生产者生产产品数量：2

消费者消费产品数量：2

消费者消费产品数量：3

生产者生产产品数量：3

消费者消费产品数量：4

生产者生产产品数量：4

消费者消费产品数量：5

生产者生产产品数量：5

生产者生产产品数量：6

消费者消费产品数量：6

生产者生产产品数量：7

消费者消费产品数量：7

生产者生产产品数量：8

消费者消费产品数量：8

生产者生产产品数量：9

消费者消费产品数量：9

【例6.7】 有一个演唱会门票销售系统，有5个销售点，共同销售100张演唱会门票。用多线程来模拟这个销售系统的代码如下。

```java
/**
 * 演唱会门票销售系统
 */
public class TicketTest {

    public static void main(String[] args) {
        Ticket aa=new Ticket();//多线程运行的售票系统
        Thread t1=new Thread(aa);
        t1.setName("1号售票点");//设置线程名
        Thread t2=new Thread(aa);
        t1.start();//启动线程1
        t2.setName("2号售票点");//设置线程名
        t2.start();//启动线程2
        Thread t3=new Thread(aa);
        t3.setName("3号售票点");//设置线程名
        t3.start();//启动线程3
        Thread t4=new Thread(aa);
```

```
        t4.setName("4号售票点");//设置线程名
        t4.start();//启动线程4
        Thread t5=new Thread(aa);
        t5.setName("5号售票点");//设置线程名
        t5.start();//启动线程5
    }
}
class Ticket  implements Runnable{
private int tickets=0;///门票计数器
public void run(){
        boolean flag=true;//是否还有票可卖
        while(flag){
            flag=sell();//卖票
        }
}
public boolean sell(){
        boolean flag=true;
        if(tickets<100){
            tickets=tickets+1;
            try{
                Thread.sleep(200);
            }catch(Exception e){
            }
            System.out.println(Thread.currentThread().getName()+"：卖出第"+tickets+"张票");
        }else {
            flag=false;
        }
        return flag;
}
}
```

例6.7的运行效果如下。

1号售票点：卖出第5张票
2号售票点：卖出第6张票
3号售票点：卖出第6张票
5号售票点：卖出第8张票
4号售票点：卖出第9张票
1号售票点：卖出第10张票
……
2号售票点：卖出第68张票
4号售票点：卖出第68张票
1号售票点：卖出第70张票

3号售票点：卖出第71张票

5号售票点：卖出第72张票

2号售票点：卖出第73张票

4号售票点：卖出第73张票

1号售票点：卖出第75张票

3号售票点：卖出第76张票

……

2号售票点：卖出第98张票

1号售票点：卖出第100张票

5号售票点：卖出第100张票

3号售票点：卖出第100张票

2号售票点：卖出第100张票

4号售票点：卖出第100张票

注意观察例6.7的运行结果，发现程序运行中有时会出现问题，那就是同一张票被不同的售票点多次出售。这显然不符合编程要求。要解决这个问题，可以通过关键字synchronized来加保护伞，以保证数据的安全。改正后的代码如下。

```
public class NewTicketSell {
public static void main(String[] args) {
    Ticket aa=new Ticket();//多线程运行的售票系统
    Thread t1=new Thread(aa);
    t1.setName("1号售票点");//设置线程名
    Thread t2=new Thread(aa);
    t1.start();//启动线程1
    t2.setName("2号售票点");//设置线程名
    t2.start();//启动线程2
    Thread t3=new Thread(aa);
    t3.setName("3号售票点");//设置线程名
    t3.start();//启动线程3
    Thread t4=new Thread(aa);
    t4.setName("4号售票点");//设置线程名
    t4.start();//启动线程4
    Thread t5=new Thread(aa);
    t5.setName("5号售票点");//设置线程名
    t5.start();//启动线程5
}
}
class Ticket  implements Runnable{
private int tickets=0;//门票计数器
public void run(){
    boolean flag=true;//是否还有票可卖
```

```
        while(flag){
            flag=sell();//卖票
        }
    }
public synchronized boolean sell(){//同步售票方法，返回值表示是否还有票可卖
        boolean flag=true;
        if(tickets<100){
            tickets=tickets+1;
            try{
                Thread.sleep(200);
            }catch(Exception e){
            }
            System.out.println(Thread.currentThread().getName()+"：卖出第"+tickets+"张票");
        }else {
            flag=false;
        }
        return flag;
    }
}
```

修改后的例6.7的运行结果如下。

2号售票点：卖出第1张票
2号售票点：卖出第2张票
2号售票点：卖出第3张票
2号售票点：卖出第4张票
2号售票点：卖出第5张票
2号售票点：卖出第6张票
5号售票点：卖出第7张票
3号售票点：卖出第8张票
1号售票点：卖出第9张票
4号售票点：卖出第10张票
……
4号售票点：卖出第90张票
4号售票点：卖出第91张票
4号售票点：卖出第92张票
4号售票点：卖出第93张票
1号售票点：卖出第94张票
3号售票点：卖出第95张票
5号售票点：卖出第96张票
2号售票点：卖出第97张票
2号售票点：卖出第98张票
2号售票点：卖出第99张票

5号售票点：卖出第100张票

修改后的例6.7的运行结果达到了设计要求。

6.4　定时器（Timer）

Timer是JDK中提供的一个定时器工具，使用的时候会在主线程之外起一个单独的线程执行指定的计划任务，可以指定执行一次或者反复执行多次。TimerTask是一个实现了Runnable接口的抽象类，代表一个可以被Timer执行的任务。要创建一个定时任务需要完成以下三个步骤。

1）继承TimerTask类。

2）实现抽象方法run()方法。

3）将任务代码添加到run()方法体中。

代码示例如下。

```
class myTest extends TimerTask{
    public void run(){
        System.out.println("起床的时间到了…………");
    }
}
```

Timer类中常用方法如下。

● public void schedule（TimerTask task, long delay, long period）：task是任务，delay是延迟时间，period是间隔时间。这个方法的作用是重复地以固定的间隔时间去执行一个任务。例如：每隔3s任务调度一次，那么正常就是0s，3s，6s，9s这样的时间开始执行任务，如果第二次调度花了2s的时间， schedule会变成0s，3s+2s，8s，11s这样的时间执行任务，保证间隔。

● public void scheduleAtFixedRate（TimerTask task, long delay, long period）：重复地以固定的频率去执行一个任务。例如：每隔3s任务调度一次，那么正常就是0s，3s，6s，9s这样的时间，如果第二次调度花了2s的时间，scheduleAtFixedRate就会变成0s，3s+2s，6s，9s，压缩间隔，保证调度时间。

● public void cancel()：终止计时器，丢弃所有当前已经安排的任务。

【例6.8】 Timer定时器的应用。

```
import Java.util.Timer;
import Java.util.TimerTask;//导入两个包Timer和TimerTask
public class TimerTest {
public static void main(String args[]){
        System.out.println("3s后要起床了.");
new Reminder(3);//延迟3000ms后起床时间
        System.out.println("主线程运行完毕.");
    }

    public static class Reminder{
        Timer timer;

    public Reminder(int sec){
    timer = new Timer();
    timer.schedule(new TimerTask(){//重复地以固定的延迟时间去执行一个任务
    public void run(){
                System.out.println("起床时间到！");
                 timer.cancel();//终止计时器
                }
            }, sec*1000);
        }
    }
}
```

例6.8的运行结果如下。

3s后要起床了.
主线程运行完毕.
起床时间到！

6.5   Handler消息传递机制

Android的消息处理有三个核心类：Looper、Handler和Message。

1. Looper简介

在使用Handler处理Message时，需要Looper（通道）来完成。在一个Activity中，系统会自动帮用户启动Looper对象，而在一个用户自定义的类中，需要用户手工调用Looper类中的方法，然后才可以正常启动Looper对象。Looper的字面意思是"循环者"，它被设计用于使一个普通线程变成Looper线程。所谓Looper线程就是循环工作的线程。在程序开发中（尤其是GUI开发中），经常会需要一个线程不断循环，一旦有新任务则执行，执行完继续等待下一个任务，这就是Looper线程。使用Looper类创建Looper线程很简单，代码如下。

```
public class LooperThread extends Thread {
@Override
public void run() {
// 将当前线程初始化为Looper线程
Looper.prepare();

// 其他处理，如实例化Handler
……
// 开始循环处理消息队列
Looper.loop();
    }
}
```

通过上面几行核心代码，该线程就升级为Looper线程了。那么这两行代码都做了些什么呢？如图6-5所示。

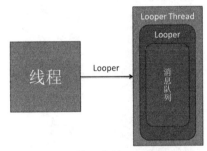

图6-5　线程中的Looper对象

1）Looper.prepare()。线程中有一个Looper对象，它的内部维护了一个消息队列（Message Queue,MQ）。注意，一个Thread只能有一个Looper对象，为什么呢？源代码如下。

```
public class Looper {
// 每个线程中的Looper对象其实是一个ThreadLocal，即线程本地存储(TLS)对象
private static final ThreadLocal sThreadLocal = new ThreadLocal();
// Looper内的消息队列
final MessageQueue mQueue;
// 当前线程
Thread mThread;
//其他属性
// 每个Looper对象中有它的消息队列，和它所属的线程
private Looper() {
mQueue = new MessageQueue();
mRun = true;
```

```
mThread = Thread.currentThread();
    }
// 调用该方法会在调用线程的TLS中创建Looper对象
public static final void prepare() {
if (sThreadLocal.get() != null) {
// 试图在有Looper的线程中再次创建Looper将抛出异常
throw new RuntimeException("Only one Looper may be created per thread");
        }
sThreadLocal.set(new Looper());
    }
// 其他方法
}
```

prepare()背后的工作方式一目了然，其核心就是将Looper对象定义为ThreadLocal。

2）Looper.loop()：looper()方法的使用如图6-6所示。

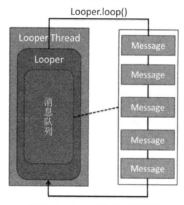

图6-6　loop()方法的调用

调用loop方法后，Looper线程就开始真正工作了。它不断从自己的MQ中取出队头的消息（也叫作任务）执行。其源代码如下。

```
public static final void loop() {
        Looper me = myLooper(); //得到当前线程Looper
        MessageQueue queue = me.mQueue; //得到当前Looper的MQ

Binder.clearCallingIdentity();
final long ident = Binder.clearCallingIdentity();
// 开始循环
while (true) {
        Message msg = queue.next(); // 取出message
if (msg != null) {
if (msg.target == null) {
// Message没有Target为结束信号，退出循环
return;
```

```
                        }
// 日志
if (me.mLogging!= null) me.mLogging.println(
">>>>> Dispatching to " + msg.target + " "
                        + msg.callback + ": " + msg.what
                        );
// 非常重要！将真正的处理工作交给Message的Target，即后面要讲的Handler
msg.target.dispatchMessage(msg);
// 日志
if (me.mLogging!= null) me.mLogging.println(
"<<<<< Finished to    " + msg.target + " "
                        + msg.callback);


final long newIdent = Binder.clearCallingIdentity();
if (ident != newIdent) {
Log.wtf("Looper", "Thread identity changed from 0x"
                        + Long.toHexString(ident) + " to 0x"
                        + Long.toHexString(newIdent) + " while dispatching to "
                        + msg.target.getClass().getName() + " "
                        + msg.callback + " what=" + msg.what);
                    }
// 回收Message资源
msg.recycle();
                }
            }
        }
```

除了prepare（）和loop（）方法，Looper类还提供了一些有用的方法，如Looper.myLooper（）可得到当前线程Looper对象。

```
public static final Looper myLooper() {
// 在任意线程调用Looper.myLooper()返回的都是那个线程的Looper
return (Looper)sThreadLocal.get();
  }
```

getThread（）得到Looper对象所属线程如下

```
public Thread getThread() {
return mThread;
  }
```

quit（）方法结束Looper循环如下

```
public void quit() {
```

```
// 创建一个空的Message，它的Target为NULL，表示结束循环消息
    Message msg = Message.obtain();
// 发出消息
mQueue.enqueueMessage(msg, 0);
 }
```

综上所述，Looper类有以下几个要点：

①每个线程有且只能有一个Looper对象，是一个ThreadLocal。

②Looper内部有一个消息队列，loop()方法调用后线程开始不断从队列中取出消息执行。

③Looper使一个线程变成Looper线程。

2．Handler简介

Android在设计时引入了Handler消息机制，每一个消息发送到主线路的消息队列中，消息队列遵循先进先出原则，发送消息不会阻塞线程，而接收线程会阻塞线程。Handler允许发送并处理Message，Message对象通过主线程的Message Queue相关联的Message和Runnable对象进行存取。每个Handler实例对Message发送和接收与对应主线程和主线程的消息队列有关。当创建一个新的Handler时，Handler就属于当前主线程，主线程Message Queue也同步创建，即Handler会绑定到创建该Handler的主线程/消息队列上。然后，Handler就可以通过主线程的消息队列发送和接收Message消息对象了。

Handler的特性如下。

1）Android里没有全局Message Queue，每个Activity主线程都有一个独立的Message Queue，消息队列采用先进先出原则。不同APK应用不能通过Handler进行Message通信，同一个APK应用中可以通过Handler对象传递而进行Message通信。

2）每个Handler实例都会绑定到创建它的线程中（一般位于主线程，即Activity线程），但是Handler实例可以在任意线程中创建（可以在主线程或子线程中创建）。

3）Handler发送消息使用Message Queue，每个Message发送到消息队列里面；发送消息采用异步方式，所以不会阻塞线程。而接收线程则采用同步方式，所以会阻塞线程，所以当Handler处理完一个Message对象后才会去取下一个消息进行处理。

Message对象封装了所有的消息，而这些消息的操作需要android.os.Handler类完成。什么是handler？handler起到了处理MQ上消息的作用（只处理由自己发出的消息），即通知MQ它要执行一个任务（sendMessage），并在循环到自己的时候执行该任务（handleMessage），整个过程是异步的。handler创建时会关联一个Looper，默认的构造方法将关联当前线程的Looper，不过这也是可以设置的。默认的构造方法如下。

```
public class handler {
```

```java
final MessageQueue mQueue; // 关联的MQ
final Looper mLooper; // 关联的Looper
final Callback mCallback;
// 其他属性
public Handler() {
if (FIND_POTENTIAL_LEAKS) {
final Class<? extends Handler> klass = getClass();
if ((klass.isAnonymousClass() || klass.isMemberClass() || klass.isLocalClass()) &&
            (klass.getModifiers() & Modifier.STATIC) == 0) {
Log.w(TAG, "The following Handler class should be static or leaks might occur: " + klass.getCanonicalName());
        }
    }
// 默认将关联当前线程的Looper
mLooper = Looper.myLooper();
// Looper不能为空，即该默认的构造方法只能在Looper线程中使用
if (mLooper == null) {
throw new RuntimeException(
"Can't create handler inside thread that has not called Looper.prepare()");
    }
// 重要！！！直接把关联Looper的MQ作为自己的MQ，因此它的消息将发送到关联Looper的MQ上
mQueue = mLooper.mQueue;
mCallback = null;
    }

// 其他方法
}
```

下面就可以为之前的LooperThread类加入Handler。

```java
public class LooperThread extends Thread {
private Handler handler1;
private Handler handler2;

@Override
public void run() {
// 将当前线程初始化为Looper线程
Looper.prepare();

// 实例化两个Handler
        handler1 = newHandler();
        handler2 = newHandler();
```

```
// 开始循环处理消息队列
Looper.loop();
        }
    }
```

加入Handler后的效果如图6-7所示。

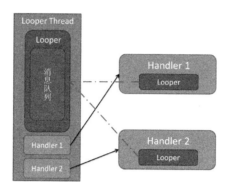

图6-7   在线程中加入Handler的效果

从图6-7中可以看到，一个线程可以有多个Handler，但是只能有一个Looper。Handler发送消息有了Looper之后，就可以使用如下方法向MQ上发送消息。方法如下：

● post（Runnable r）：立即执行Runnable对象。

● postAtTime（Runnable r，long uptimeMillis）：在指定的时间（uptimeMillis）执行Runnable对象。

● postDelayed（Runnable r，long delayMillis）：在指定的时间间隔（delayMillis）执行Runnable对象。

● sendEmptyMessage（int what）：发送消息。

● sendMessage（Message m）：立即发送消息。

● sendMessageAtTime（Message m，long uptimeMillis）：在指定的时间（uptimeMillis）发送这个消息。

● sendMessageDelayed（Message m，long delayMillis）：在指定的时间间隔（delayMillis）发送这个消息。

通过上面描述可能会觉得Handler能发两种消息，一种是Runnable对象，一种是Message对象，这是直观的理解，但其实post发出的Runnable对象最后都被封装成Message对象了，源代码如下。

// 此方法用于向关联的MQ上发送Runnable对象，它的run方法将在Handler关联的Looper线程中执行

```
public final boolean post(Runnable r)
{
// 注意getPostMessage(r)将Runnable封装成Message
return  sendMessageDelayed(getPostMessage(r), 0);
}

private final Message getPostMessage(Runnable r) {
    Message m = Message.obtain();  //得到空的Message
m.callback = r;  //将Runnable设为Message的callback，
return m;
}

public boolean sendMessageAtTime(Message msg, long uptimeMillis)
{
boolean sent = false;
    MessageQueue queue = mQueue;
    if (queue != null) {
        msg.target = this;  // Message的target必须设为该Handler
        sent = queue.enqueueMessage(msg, uptimeMillis);
    }
    else {
        RuntimeException e = new RuntimeException(
this + " sendMessageAtTime() called with no mQueue");
Log.w("Looper", e.getMessage(), e);
    }
return sent;
}
```

通过Handler发出的Message有如下特点。

1）message. target为该Handler对象，这确保了Looper执行到该Message时能找到处理它的Handler，即loop()方法中的关键代码。

```
msg.target.dispatchMessage(msg);
```

2）post发出的Message，其callback为Runnable对象。

说完了消息的发送，接下来介绍Handler如何处理消息。消息的处理是通过核心方法 dispatchMessage（Message msg）与钩子方法handleMessage（Message msg）完成的。源代码如下所示。

```
dispatchMessage(Message msg) {
```

```
        (msg.callback != ) {
handleCallback(msg);
    } {
                (mCallback != ) {

            (mCallback.handleMessage(msg)) {
                ;
            }
        }
handleMessage(msg);
    }
}

handleCallback(Message message) {
    message.callback.run();
}
handleMessage(Message msg) {
}
```

可以看到，除了handleMessage（Message msg）和Runnable对象的run方法由开发者实现外（实现具体逻辑），Handler的内部工作机制对开发者是透明的。Handler拥有下面两个重要的特点。

1）handler可以在任意线程发送消息，这些消息会被添加到关联的MQ上，如图6-8所示。

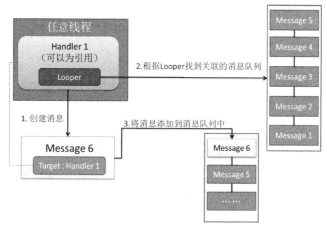

图6-8　使用Handler发送消息

2）消息的处理是通过核心方法dispatchMessage（Message msg）与钩子方法handleMessage（Message msg）完成的，Handler是在它关联的Looper线程中处理消息

的，如图6-9所示。

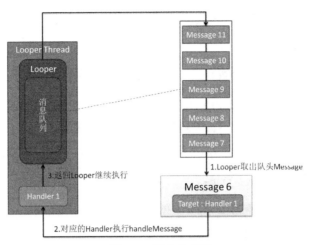

图6-9　消息的处理

这就解决了Android最经典的不能在其他非主线程中更新UI的问题。Android的主线程也是一个Looper线程（Looper在Android中运用很广），在其中创建的Handler默认将关联主线程MQ。因此，利用Handler的一个解决方法就是在activity中创建Handler并将其引用传递给worker thread，worker thread执行完任务后使用Handler发送消息通知activity更新UI，如图6-10所示。

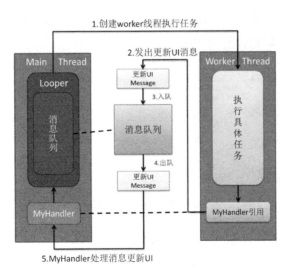

图6-10　更新UI

3．Message简介

android.os.Message的主要功能是进行消息的封装，同时可以指定消息的操作形式，Message类定义的变量和常用方法如下。

- public int what：变量，用于定义此Message属于何种操作。

- public ObJect obJ：变量，用于定义此Message传递的信息数据，通过它传递信息。

- public int arg1：变量，传递一些整型数据时使用。

- public int arg2：变量，传递一些整型数据时使用。

- public Handler getTarget()：普通方法，取得操作此消息的Handler对象。

在整个消息处理机制中，Message又叫Task，封装了任务携带的信息和处理该任务的Handler。Message的用法比较简单，但是有以下几点需要注意。

1）尽管Message有public的默认构造方法，但是开发者应该通过Message.obtain()来从消息池中获得空消息对象，以节省资源。

2）如果Message只需要携带简单的int信息，请优先使用Message.arg1和Message.arg2来传递信息，这比用Bundle更省内存。

3）擅用message.what来标识信息，以便用不同方式处理Message。

6.6　　案　例　实　现

利用Handler、Message、Runnable实现页面温度、湿度实时更新，利用Timer、Handler、Message、实现光照实时更新。

1. 案例分析

1）创建一个空白安卓程序。

2）把动态库复制到项目中。

3）编写String.xml文件。

4）编写UI布局XML文件，设计出符合要求的UI界面。

5）编写后台代码，实现程序功能。

6）对动态库对象进行声明，初始化。

7）使用动态库对象更新温度、湿度和光照信息。

8）程序退出时销毁动态库对象。

2. 操作步骤

1）新建安卓项目，把素材文件"第6章/Case6_1/libs"中的全部文件复制到libs文件夹中，如图6-11所示。

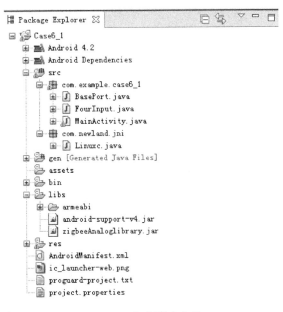

图6-11　复制类库文件

2）编写String.xml文件，如下所示。

```xml
<?xmlversion="1.0"encoding="utf-8"?>
<resources>

<string name="app_name">Case6_1</string>
<string name="hello_world">Hello world!</string>
<string name="action_settings">Settings</string>
<string name="strSet">火焰监控</string>
<string name="strTemp">温度范围:</string>
<string name="strOr">至</string>
<string name="strHumi">湿度范围:</string>
<string name="strLight">光照强度:</string>
<string name="strCo">一氧化碳:</string>
<string name="strSave">保持</string>
<string name="strChean">重置</string>
<string name="strClose">取消</string>

<string name="strOpenPort">打开串口</string>
<string name="strClosePort">关闭串口</string>
<string name="strBaud">波特率:</string>
<string name="strCom">COM:</string>
```

```
<string name="strFire">火焰:有火</string>
<string name="strIsFire">有火</string>


</resources>
```

3）编写activity_main.xml界面布局代码，如下所示。

```
<?xml version="1.0"encoding="utf-8"?>
<LinearLayout xmlns:android="http://schemas.android.com/apk/res/android"
android:id="@+id/pig_relative"
android:layout_width="match_parent"
android:layout_height="match_parent"
android:gravity="center"
android:orientation="vertical">

<TextView
android:id="@+id/tvTemp"
android:layout_width="wrap_content"
android:layout_height="wrap_content"
android:text="温度感应:---"/>

<TextView
android:id="@+id/tvHumi"
android:layout_width="wrap_content"
android:layout_height="wrap_content"
android:text="湿度感应:---"/>

<TextView
android:id="@+id/tvLight"
android:layout_width="wrap_content"
android:layout_height="wrap_content"
android:text="光照感应:---"/>
```

4）打开MainActivity.Java，编辑后台代码，如下所示。

```
package com.example.case6_1;

import Java.util.Timer;
import Java.util.TimerTask;

import com.example.case6_1.R;
```

```
import com.newland.zigbeelibrary.ZigBeeAnalogServiceAPI;

import android.annotation.SuppressLint;
import android.app.Activity;
import android.os.Bundle;
import android.os.Handler;
import android.widget.TextView;

public class MainActivity extends Activity {

private TextView mTvTemp,mTvHumi,mTvLight;
private FourInput mFourInput =null;
@Override
protected void onCreate(Bundle savedInstanceState) {
    super.onCreate(savedInstanceState);
    setContentView(R.layout.activity_main);
    initView();
}
@SuppressLint("HandlerLeak")
            Handler mHandler = new Handler(){
public void handleMessage(android.os.Message msg) {
    //使用handleMessage 处理接受到的msg
     String data = (String) msg.obJ;
    switch (msg.what) {
        case 0: //温度
            //对温度值进行操作
        mTvTemp.setText("温度感应:"+data);
            break;

        case 1://湿度
        mTvHumi.setText("湿度感应:"+data);
            //对湿度值进行操作
            break;

        case 2://光照
            mTvLight.setText("光照感应:"+data);
            //对光照值进行操作
            break;
        }
```

```
        };
                };
/**
 * 初始化视图
 */
public void initView() {
    mTvTemp = (TextView)findViewById(R.id.tvTemp);
    mTvHumi = (TextView)findViewById(R.id.tvHumi);
    mTvLight = (TextView)findViewById(R.id.tvLight);
    //打开串口将四输入接入 COM2
    mFourInput = new FourInput(1, 0, 5, mHandler);
    mFourInput.start();
}
        }
```

5）部署应用程序，将ADAM-4150接入Android移动终端COM2口，四输入模块接入Android移动终端COM1口，启动应用程序，运行效果如图6-12所示。

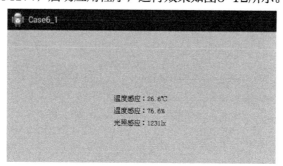

图6-12　项目运行效果

本章小结

  Java线程是Java语言中一个非常重要的组成部分，在Java 5.0之前，多线程的语言支持还比较弱，写一个多线程的程序是相当有挑战性的。在Java 5.0之后，Java对多线程做了很多扩展，这部分内容大大增强了Java多线程编程的能力，可以很容易就实现多线程的复杂程序。本章在简单地介绍了进程与线程的区别以及线程的创建、启动、休眠、中断的方法后，又详细地描述了Android主线程UI线程和Android消息传递机制，最后通过一个完整的Android案例的实现，讲述了Handler消息传递机制和Timer定时器的具体使用方法。

  学习这一章应把注意力放在线程同步技术和Handler消息传递机制上，这在Android工程创建中应用非常广泛。

习题

1. 选择题

1）编写线程类，要继承的父类是（　　　　）。

A. ObJect 　　　 B. Runnable 　　　 C. Serializable 　　　 D. Thread

E. Exception

2）编写线程类，可以通过实现那个接口来实现?（　　　　）

A. Runnable 　　　 B. Throwable 　　　 C. Serializable 　　　 D. Comparable

E. Cloneable

3）什么方法用于终止一个线程的运行?（　　　　）

A. sleep 　　　 B. Join 　　　 C. wait 　　　 D. stop

E. notify

4）一个线程通过什么方法将处理器让给另一个优先级别相同的线程?（　　　　）

A. wait 　　　 B. yield 　　　 C. Join 　　　 D. sleep

E. stop

5）如果要一个线程等待一段时间后再恢复执行此线程，需要调用什么方法?（　　　　）

A. wait 　　　 B. yield 　　　 C. Join 　　　 D. sleep

E. stop 　　　 F. notify

6）什么方法使等待队列中的第一个线程进入就绪状态?（　　　　）

A. wait 　　　 B. yield 　　　 C. Join 　　　 D. sleep

E. stop 　　　 F. notify

7）Runnable接口定义了如下哪些方法?

A. start() 　　　 B. stop() 　　　 C. resume() 　　　 D. run()

E. suspend()

8）使用如下代码创建一个新线程并启动线程。

Runnable target=new MyRunnable();

Thread myThread=new Thread(target);

问：如下哪些类可以创建Target对象，并能编译正确?（　　　　）

A. public class MyRunnable extends Runnable { public void run () {} }

B. public class MyRunnable extends ObJect { public void run () {} }

C. public class MyRunnable implements Runnable {public void run () {}}

D. public class MyRunnable extends Runnable {void run () {}}

E. public class MyRunnable implements Runnable {void run () {}}

9）给出代码如下。

```
public class MyRunnable implements Runnable
{
public void run()
{
_____
}
}
```

在虚线处，如下哪些代码可以创建并启动线程？（   ）

A. new Runnable(MyRunnable).start();

B. new Thread(MyRunnable).run();

C. new Thread(new MyRunnable()).start();

D. new MyRunnable().start();

2．问答题

1）线程和进程有什么区别？

2）Java创建线程的方式有哪些？

3．编程题

编写多线程应用程序，模拟多个人通过一个山洞。这个山洞每次只能通过一个人，每个人通过山洞的时间为5s，随机生成10个人，同时准备过此山洞，显示每次通过山洞的人的姓名。